U0160403

国家出版基金项目
NATIONAL PUBLICATION FOUNDATION

"十三五"国家重点出版物出版规划项目·重大出版工程

高超声速出版工程

高超声速飞行器电磁散射数值模拟及应用

韩一平　艾　夏　刘建勇　崔志伟　著

科学出版社

北　京

内 容 简 介

本文针对高超声速飞行器的电磁散射问题,系统的介绍了等离子体鞘套覆盖高超声速飞行器的电磁散射理论及数值计算方法,分析了高超声速飞行器等离子体特性以及飞行场景对等离子体频率和等离子体碰撞频率的影响,讨论了等离子体的电磁参数。介绍了非磁化和磁化等离子体的FDTD算法以及电大目标的并行FDTD计算方法。给出了复杂目标电磁建模方法、剖分方法优化、共形网格技术。讨论了流场网格与电磁网格的耦合方法。数值计算了等离子体鞘套覆盖典型高超声速飞行器的电磁散射。

本书的使用对象主要是高等院校相关专业的师生、具有大专以上学历的科技工作者、以及相关领域的研究人员等。

图书在版编目(CIP)数据

高超声速飞行器电磁散射数值模拟及应用／韩一平
等著. 一北京:科学出版社,2021.3
"十三五"国家重点出版物出版规划项目·重大出版
工程 国家出版基金项目 高超声速出版工程
ISBN 978-7-03-067420-3

Ⅰ. ①高… Ⅱ. ①韩… Ⅲ. ①高超音速飞行器-电磁
波散射-数值模拟 Ⅳ. ①V47

中国版本图书馆 CIP 数据核字(2020)第 256196 号

责任编辑:徐杨峰／责任校对:谭宏宇
责任印制:黄晓鸣／封面设计:殷 靓

科 学 出 版 社 出版
北京东黄城根北街 16 号
邮政编码:100717
http://www.sciencep.com

南京展望文化发展有限公司排版
苏州市越洋印刷有限公司印刷
科学出版社发行 各地新华书店经销

*

2021 年 3 月第 一 版 开本:B5(720×1000)
2021 年 3 月第一次印刷 印张:11 1/2
字数:200 000
定价:90.00 元
(如有印装质量问题,我社负责调换)

高超声速出版工程
专家委员会

丛 书 序

飞得更快一直是人类飞行发展的主旋律。

1903 年 12 月 17 日,莱特兄弟发明的飞机腾空而起,虽然飞得摇摇晃晃,犹如蹒跚学步的婴儿,但拉开了人类翱翔天空的华丽大幕;1949 年 2 月 24 日,Bumper-WAC 从美国新墨西哥州白沙发射场发射升空,上面级飞行马赫数超过 5,实现人类历史上第一次高超声速飞行。从学会飞行,到跨入高超声速,人类用了不到五十年,蹒跚学步的婴儿似乎长成了大人,但实际上,迄今人类还没有实现真正意义的商业高超声速飞行,我们还不得不忍受洲际旅行需要十多个小时甚至更长飞行时间的煎熬。试想一下,如果我们将来可以在两小时内抵达全球任意城市,这个世界将会变成什么样? 这并不是遥不可及的梦!

今天,人类进入高超声速领域已经快 70 年了,无数科研人员为之奋斗了终生。从空气动力学、控制、材料、防隔热到动力、测控、系统集成等,在众多与高超声速飞行相关的学术和工程领域内,一代又一代科研和工程技术人员传承创新,为人类的进步努力奋斗,共同致力于达成人类飞得更快这一目标。量变导致质变,仿佛是天亮前的那一瞬,又好像是蝶即将破茧而出,几代人的奋斗把高超声速推到了嬗变前的临界点上,相信高超声速飞行的商业应用已为期不远!

高超声速飞行的应用和普及必将颠覆人类现在的生活方式,极大地拓展人类文明,并有力地促进人类社会、经济、科技和文化的发展。这一伟大的事业,需要更多的同行者和参与者!

书是人类进步的阶梯。

实现可靠的长时间高超声速飞行堪称人类在求知探索的路上最为艰苦卓绝的一次前行,将披荆斩棘走过的路夯实、巩固成阶梯,以便于后来者跟进、攀登,意义深远。

以一套丛书,将高超声速基础研究和工程技术方面取得的阶段性成果和宝贵经验固化下来,建立基础研究与高超声速技术应用之间的桥梁,为广大研究人员和工程技术人员提供一套科学、系统、全面的高超声速技术参考书,可以起到为人类文明探索、前进构建阶梯的作用。

2016 年,科学出版社就精心策划并着手启动了"高超声速出版工程"这一非常符合时宜的事业。我们围绕"高超声速"这一主题,邀请国内优势高校和主要科研院所,组织国内各领域知名专家,结合基础研究的学术成果和工程研究实践,系统梳理和总结,共同编写了"高超声速出版工程"丛书,丛书突出高超声速特色,体现学科交叉融合,确保丛书具有系统性、前瞻性、原创性、专业性、学术性、实用性和创新性。

这套丛书记载和传承了我国半个多世纪尤其是近十几年高超声速技术发展的科技成果,凝结了航天航空领域众多专家学者的智慧,既可供相关专业人员学习和参考,又可作为案头工具书。期望本套丛书能够为高超声速领域的人才培养、工程研制和基础研究提供有益的指导和帮助,更期望本套丛书能够吸引更多的新生力量关注高超声速技术的发展,并投身于这一领域,为我国高超声速事业的蓬勃发展做出力所能及的贡献。

是为序!

2017 年 10 月

前　言

　　临近空间高超声速飞行器具有全球快速到达的能力,是航空航天技术高度融合的产物,被称为世界航空航天史上的第三次革命以及下一代战略、战术武器运输平台。在民用、军事领域的有着重要应用价值,吸引了越来越多的国内外学者的关注和研究。高超声速飞行器在高速飞行过程时与周围大气发生强烈相互作用,在飞行器周围形成极为复杂的流场,当飞行器的绕流流场的电离度达到一定程度时,飞行器周围就会形成含有大量自由电子的等离子体包覆流场,即等离子体鞘套,会吸收、反射和散射电磁波。随着飞行器飞行高度、速度、姿态的不同,使飞行器周围流场发生变化,导致高超声速飞行器的电磁散射特性具有动态起伏特性,因此动态等离子体覆盖目标电磁散射特性的研究,对于高速飞行器的探测与识别等具有重大的战略意义。

　　本书基于团队十多年在电磁散射领域的研究成果,系统的介绍了等离子体鞘套覆盖高超声速飞行器的电磁散射理论及数值计算方法。本书共6章:第1章简要介绍了高超声速飞行器的特点和发展,以及 FDTD 数值计算的研究现状;第2章分析了等离子体频率、碰撞频率等参数以及等离子体的电磁参数特性,研究了飞行场景对等离子体频率和等离子体碰撞频率的影响、电磁波在等离子体中的传播特性;第3章给出了非磁化和磁化等离子体 FDTD 计算方法,通过高阶FDTD 算法降低其在模拟色散介质时的数值色散误差,提高计算精确度,研究了PLRC － FDTD 算法在计算非均匀等离子体时的数值色散与耗散误差,讨论了SO － FDTD 与 PLRC － FDTD 算法在等离子体鞘套计算中的数值稳定性,分析了FDTD 算法在模拟等离子体与目标组合体电磁散射特性的可靠性与精确度;第4章分析了超声速飞行器电大目标的并行 FDTD 计算,介绍基于 MPI 并行 FDTD

方法中虚拟拓扑结构建立、进程之间通信方式等模块,讨论了 FDTD 并行计算的优化与精度;第 5 章给出了复杂目标电磁建模方法、剖分方法优化、共形网格技术,分析了剖分模型重建和网格模型可视化,讨论了流场网格与电磁网格的耦合方法;第 6 章数值计算了球锥、RAM - CII、HTV - 2 等典型高超声速飞行器的电磁散射高超声速飞行器电磁散射特性,采用并行计算分析了电大尺寸高超声速飞行器电磁散射特性,并分析了并行计算的性能,给出了基于高性能集群 Linux 系统下的单个节点多进程和多个节点多进程并行计算性能。

　　本书的工作是由团队的各位老师和同学共同努力完成的,在此表示感谢。由于时间仓促,作者水平有限,不妥之处在所难免,希望读者批评指正。

作　者

2020 年 9 月

高超声速出版工程

目 录

第 1 章

高超声速飞行器的发展

1.1 高超声速飞行器特点

当飞行器的马赫数大于等于 5 时,称为高超声速飞行器。作为对距地面 20~100 km 的空域的总称,临近空间在未来的军事领域发展方向蕴藏着极大的潜能。临近空间的潜在价值为其带来十分高的关注度,也使得相关领域,如临近空间飞行器等的发展研究得以高速进行。临近空间飞行器具有重复使用率高、可高速远程投送以及准确快速打击等优点,其飞行速度快且飞行距离远,具有很强的机动能力和生存能力,并且存在多种可适载荷。图 1.1 为高动态和低动态临近空间飞行器示例。

(a) 高动态   (b) 低动态

图 1.1　高动态和低动态临近空间飞行器示例

再入过程是指飞行器在完成太空任务后重返大气层直至最终落回地面的过程。再入飞行器以 1 000~7 500 m/s 的速度飞行,飞行器前端的驻点区温度分布为1 000～8 500 K[1,2]。高超声速飞行器在飞行过程中头部有弓形脱体激波产生,并且出现"高温效应",飞行器周围空气温度升高导致空气成分间发生化学反应,如离解、电离等。此外,高温还导致飞行器表面材料融解,飞行器绕流流场的组成成分变得更加复杂。飞行器绕流流场是具有一定电离度的电离气体,即等离子体鞘套。高超声速飞行器绕流流场中不仅包含等离子体鞘套,还包含其尾迹,该区域激波强度降低,但是波及面积更大。入射电磁波进入等离子体鞘套后会产生折射、反射和散射等,入射波功率会产生衰减。等离子体鞘套使地面控制台和飞行器通信的电磁信号强度大幅度减小甚至完全衰减,即"黑障"现象[3]。这种现象将导致载人飞船在飞行过程中丢失语音通信和数据遥感探测信号,以及弹道导弹在飞行过程中丧失电子对抗能力;"黑障"持续数分钟,这是飞行器飞行过程中生死攸关的时间。等离子体鞘套也有可能会使飞行器外壳安置的天线系统无法工作,这是因为其阻抗系统被反射电波所改变[4,5]。

等离子体鞘套的产生,使高超声速飞行器的散射特性与飞行器本体的散射特性不同,进而增加了追踪与辨识高超飞行目标的难度,对雷达预警、目标探测是一场新的挑战。然而,事物都有其两面性,其存在也有一些积极作用,如飞行器在高超飞行过程中,自身状态与周围环境会产生改变,雷达电磁散射特性也随之改变,有利于高超声速飞行器的隐身。为了解等离子体鞘套对飞行目标电磁散射影响,分析高超飞行目标通信中断问题,我们首先需要研究高超声速飞行器绕流流场参数分布和电磁波与等离子体相互作用的基本原理。

高超声速飞行器绕流流场的数值模拟的结果取决于所选取的热化学模型与求解方法。国内外很多学者研究了考虑电离的热化学非平衡流。1985年Park[6]提出了一种区别于以往的新化学反应模型,并在1990年和2001年对该化学反应模型进行了修改和优化。1991年Candler等[7]假设每个分子具有振动温度,并提出了六温度模型。Candler等得出的结论和Park[8]1990年的理论相同:使用同一个振动温度是一种合理近似。1989年Palmer[9]假定振动温度等于电子温度,提出双温度模型用以简化计算。1990年Gupta等[10]提出11组分的空气化学反应模型,1991年Mitcheltree[11]使用双温模型下研究了高超声速飞行场景下一些电离和离解模型的应用。1997年Coquel等[12]在忽略电子的热导率和黏度的情况下,提出了弱电离气体的守恒方程。2003年Josyula等[13]使用了从电子能量方程中求得电子温度的方法。

而在求解算法方面,20世纪90年代Hoffmann分别从两个方面展开研究:求解方程和格式效应[14-16]。在求解方程方面,Hoffmann总共采用了Baldwin-

Barth(简写为 B-B)一方程模型、Spalart-Allmaras(简写为 S-A)一方程模型，以及 $k-\omega$、$k-\varepsilon$ 和两方程湍流模型三种求解方程模型[17]；而在格式效应方面，Hoffmann 选取了多种矢通量分裂格式(flux vector splitting, FVS)、通量差分分裂格式(flux deference splitting, FDS)、总变差不增格式(total variation diminishing, TVD)分别用于球锥模型气动热问题的分析，对比发现 FVS 格式和 TVD 格式取得较好的计算结果。同时期，Lee 将对流迎风分裂格式 (advection upstream spltting method+, AUSM+)和通量差分分裂格式运用到空间离散问题中，并通过数值求解二维 N-S 方程得到高速钝头周围的流场分布[18,19]。在分析黏性流控制方程后，Lee 在程序中添加了相关化学反应模型，计算了三维模型的非平衡空气绕流问题[20]，并将结果与已有的实验数据对比。Tchuen 等将守恒律的单调迎风算法(monotone upstream centered schemes for conservation law, MUSCL)-TVD 算法的黎曼求解格式应用于求解高超声速绕流流场，同时对适用于弱电离空气的控制方程组进行分析。Sotnikov 研究了高速运动目标周围等离子体鞘套剪力流的不稳定性，并分析了中性粒子在抑制这种不稳定性中的作用[21]。Marmignon 等[22]针对弱电离状态气体将控制方程组简化后求解。

国外还投入大量资金和人力开展一系列实验验证已有的理论结果，并为数值计算方法开拓新的研究方向。自 20 世纪 60 年代开始，美国花费大量资金用于开展无线电衰减测量(radio attenuation measurements, RAM)系列实验。该实验总共有 3 次飞行数据，依次为 RAM-CI、RAM-CII 以及 RAM-CIII 实验，采用的飞行器模型为钝锥飞行器[23]。RAM-CI 和 RAM-CIII 实验的目的是探索减轻甚至消除"黑障"问题的可能性。RAM-CI 实验中飞行器的飞行速度为 7 500 m/s，实验采用向飞行器表面喷水的方法，结果表明喷水处理并不能起到减少等离子体鞘套中电子数密度的作用。RAM-CIII 实验改为采用飞行器表面交替喷水和氟利昂 E-3 的方法，结果表明亲电子物质也不能起到降低等离子体鞘套中电子数密度的作用。RAM-CII 实验的目的是研究"黑障"的本质，该实验测量了等离子体鞘套中的电子数密度分布以及温度分布，同时对三个通信波段(分别为 L、S、X)的"黑障"通信区域进行测量记录。此外，实验还研究了一些环境变化对电子数密度分布的影响，包括飞行器表面材料的烧蚀效应、亲水物质的加入以及磁窗效应等。美国的 Apollo 登月计划中也包含对高超目标信息传输的探究。Apollo-6、Apollo-7 以及 Apollo-8 试验中加入了对飞行阶段 S 波段的"黑障"通信区域的测量，并分析了飞行高度和飞行马赫数的变化对"黑障"通信的影响。同时期的 Gemini 3 和 Mercury 6 飞行实验中，也从地面控制台的接收信号中提取了许多等离子体流场参数。

作为早期研究飞行器和导弹目标等物理现象的国家之一,美国在 20 世纪 50 年代开始了再入物理现象的研究[24]。美国国家航空航天局(National Aeronautics and Space Administration, NASA)和林肯实验室合作,选取了三个波段雷达(UHF 波段、S 波段和 X 波段)观测再入物理现象。到了 60 年代,由于当时技术条件有限,再入物理领域没有得到充分的研究与发展,而是局限在对再入弹头尾部的光学特性和雷达目标特性这一方向上[25],在该方向的研究提高了导弹的突防技术以及主要针对导弹尾部的拦截技术。1971 年,Rybak 等[3]对高速飞行器周围的等离子体流场参数分布以及等离子体鞘套与电波的相互影响进行模拟与讨论,在对等离子体的诊断技术进行详细研究以及对解决通信中断问题("黑障"现象)的各种方向的可行性进行了全面分析,并对再入通信研究领域的飞行实验结果进行了综述。80 年代以后,为了验证在弹道各段中的反导系统监视、跟踪、拦截和捕获敌方目标的可行性,美国开展了一系列的飞行试验。1995 年,Lin 等[26]通过分析了改变高超飞行器等离子体鞘套中的电子数密度的影响因素,包括攻角、烧蚀现象、湍流脉动、化学非平衡效应以及壁面催化现象等,对等离子体鞘套中的电波传播问题进行了深入研究。21 世纪以来,随着计算机技术的发展,高超飞行器物理领域的研究向更全面以及更深入的方向发展。国外研究了高速飞行目标所覆盖的等离子体对电磁波传播的衰减以及对目标识别的干扰。1999 年,Usui 等[27]提出了一种确定高超飞行器周围等离子体鞘套空间分布特性的方法——基于 WKB(Wentzel-Kramer-Brillouin)的近似方法。同时,他们使用电磁粒子云网格(particle in cell, PIC)方法进行模拟后得出结论:外加静磁场会改变电磁波的色散关系,从而使飞行器表面安置的天线所发出的电磁波可以穿透周围等离子体鞘套进行传播,即证明了采用外加电磁场解决高超飞行器通信中断问题的可能性。2005 年,David 等使用气动热化学反应方程对高超声速钝锥飞行器绕流流场参数分布进行数值模拟,同时使用电磁波传播方法对等离子体鞘套中的电波传播特性进行计算分析[28],从而论证了攻角、来流马赫数、钝锥头部尺寸以及天线安置位置等因素的变化对绕流流场参数分布和电磁波传播特性的影响。

1.2 色散介质数值方法研究现状

随着计算机性能的提高,各种数值计算方法应运而生,复杂色散介质中电磁散射的数值方法也得到了飞速发展,主要分为两大类,即时域方法和频域方法。经典的频域方法有矩量法(method of moment,MOM)、有限元法(finite element method,FEM)、频域有限差分法(finite-difference frequency-domain method,FDFD)、射线追踪法(ray tracing method)等。典型的时域方法有有限差分时域法(finite-difference time-domain method,FDTD)[29]、时域有限体积法(finite-volume time-domain method,FVTD)、传输线矩阵(transmission line matrix,TLM)法、时域积分方程(time-domain integral equation,TDIE)法、时域有限元(time-domain finite element,FETD)等。处理色散介质本构关系时,频域方法仅需输入单一频点的介电系数,方法相对简单;而时域方法则需处理较为复杂的时域与频率转换关系。但计算较大带宽的目标电磁散射时,频域方法需要针对每一个频点进行多次计算,导致计算时间过长的问题,并且效率低下。同时,频域方法大多需要求解矩阵,对计算机内存提出更高的要求。以 FDTD 算法为代表的时域方法通过一次计算能够得到电磁散射回波的时域信号,并基于傅里叶逆变换将之过渡到频域,进而得到宽带电磁散射特性,并且无须求解矩阵。

　　FDTD 算法是一种典型的全波分析算法,以差分原理为基础,直接从麦克斯韦方程出发,将其转换为差分方程组,在一定体积内和一段时间上对连续电磁场的数据采样,因此,FDTD 算法是对电磁场问题最本质、最完备的数值模拟。由于 FDTD 算法具有适用范围广、计算程序简单、通用性强等优越特性,所以 FDTD 算法是当今计算电磁学中广泛应用的数值模拟方法之一[30]。FDTD 算法自1966 年被提出至今,已经发展为一种十分成熟的算法,在计算复杂介质电波传播与电磁散射特性方面被广泛应用。FDTD 算法的吸收边界条件的不断被改进。主要包括差值技术的 Liao 吸收边界[31]、Mei‐Fang 超吸收边界条件[32],以及被广泛采用的 Mur 吸收边界条件[33],这些吸收边界条件通常在 FDTD 计算区域的外边界有 0.5%~5%的反射。Berenger[34-36]提出了场分裂形式的完全匹配层(perfect matched layer,PML)吸收边界,这是一种全新的吸收边界条件,能够提供比之前各种吸收边界条件低 40 dB 的反射,使得吸收边界条件的理论模型不断完善,PML 吸收边界条件在 FDTD 算法中得到广泛应用。此后,在此基础上Sacks 等[37-39]又陆续提出了非分裂格式的 PML 吸收边界条件。由于 FDTD 算法所得到的结果为近场,实际中比较关心远区场的电磁散射特性,因此,需要基于近场结果推演远场电磁场分布。用于 FDTD 算法的近‐远场变换方法主要分为适用于时谐波入射情况的频域方法和适用于脉冲波入射情况的时域方法。前者在计算达到稳态后利用输出边界上切向场分量的幅度和相位直接外推,后者则须用到每一时间步输出边界上的时域场。从基本原理而言,能够将其分为三大类,包括直接基于 Huygen's 等效原理的变换方法[40,41]、基于 Stratton - Chu 积分的变换方法[42]以及基于 Kirchhoff 积分的变化方法[43,44]。前两类的共同点是计算某一远场分量要用到输出边界上所有的近场分量,相对比较复杂;后一类计算某一远场分量时只用到输出边界上与之方向相同的近场分量,便于远场时域响应求解,相对较为简便。从 20 世纪 90 年代开始,FDTD 算法的时域外推技术逐步发展并完善起来,因此,FDTD 算法已经在目标电磁散射、光子晶体、电磁兼容、天线分析与设计、微波电路的时域分析等领域广泛应用。

最近二十年来,FDTD 算法在处理色散介质的电磁学问题方面也取得了较大进展,出现了大量处理色散介质电磁仿真的 FDTD 算法,其中包括 1990 年,Luebbers 等[45]采用递推卷积法(RC)将电位移矢量 D 写成电场强度的卷积,并将该卷积离散成可以迭代的求和形式,适用于色散介质(Debye 介质)的 FDTD 算法[45],并将 RC - FDTD 算法推广到等离子体介质[46],随后又推广到 N 阶色散介质[47]。Hunsberger 等[48]将 RC(recursive convolution)- FDTD 算法推广到各向异性磁化等离子体介质。1993 年,Luebbers 等[49]研究了色散介质的电磁散射问题并应用到三维球体的散射。1995 年,Siushansian 等[50]改善了 RC - FDTD 算法的计算精度的方法是采用离散的体形递归卷积(trapezoidal recursive convolution,TRC)FDTD 算法。1996 年,Kelley 等[51]则采用电场的分段线性近似改善了 RC - FDTD 方法的计算精度,称为分段线性递归卷积(piecewise linear recursive convolution, PLRC)算法。此外,适合色散介质的有限差分时域法还有辅助方程法[ADE(auxiliary differential equation)- FDTD][52]、Z 变换 FDTD 算法[53]、电流密度卷积 FDTD 算法[54]、Young 氏直接积分 FDTD 算法[55]等。国内学者也在这方面开展了研究工作,并取得了一些进展,主要有分段线性电流密度递归卷积 FDTD 算法[56]、移位算子(shift operator, SO)FDTD 算法[57,58]等。这些新的算法扩展了传统的 FDTD 算法的适用范围,提高了计算的精度和计算的效率,极大地促进了电磁场问题的研究和发展,也使得 FDTD 算法更加成熟。目前,FDTD 算法的主要发展方向是进一步提高计算精度,减小数值误差,增加模拟复杂结构的能力,以及减小对计算机存储空间和计算时间的需求等。

FDTD 算法在计算过程中,误差来源主要有两大类:一类为由于采用长方体近似物体表面而导致的阶梯近似误差;一类为由于对麦克斯韦方程组在时间与空间进行差分近似而引入的数值色散与耗散误差。理论上,上述两大误差均能够通过加密 FDTD 剖分网格(即减小空间离散步长)降低,这将导致计算所需的内存与时间迅速增大。Fang 等[59]于 1989 年提出了高阶 FDTD 算法,在时间上离散方式与常规 FDTD 算法一致,在空间上采用高阶泰勒级数展开的离散格式,降低了 FDTD 算法的固有色散误差,提高了计算精度,并且依然保留了传统 FDTD 算法简单、灵活的特点。在此基础上,大量的工作对高阶 FDTD 算法的数值色散特性、稳定性条件以及完美匹配层吸收边界条件进行了相关研究[60-65]。然而,高阶 FDTD 算法在色散介质的电磁问题的研究中并没有得到广泛的应用[66]。

　　Jurgen 等[67]于 1992 年提出了环路法将理想导体表面的阶梯近似网格重新组合并在共形网格内修正电场和磁场的迭代方程,该方法的稳定性与时间步长的设定有关,并且分析复杂结构的电磁问题缺乏灵活性。1997 年,Dey 等[68]提出了 CFDTD(conformal finite-difference time-domain)技术,该算法只要求修改求解磁场的法拉第环路,通过局部网格变形模拟弯曲表面,瑞安积分路径总是在物体之外,但是磁场总是位于变形网格的中心。1998 年,Dey 等[69]又提出了一种改进共形算法(modified conformal finite difference time-domain, MCFDTD),通过对非稳定网格上电场和磁场采用后向加权平均方案提高了算法的稳定性,克服了 CFDTD 算法中变形网格形状和大小的限制,但是 CFDTD 算法编程实现比较复杂。Siushansian 等[50]综合分析了各种共形算法的计算精度和算法的稳定性。2000 年,Yu 等[70]提出了一种稳定的共形算法,该算法中法拉第环路仍然按照正常的网格,将所有变形网格的面积均近似为规则网格的面积,所以不会存在由于小面积而导致的时间步长减小的问题。尽管该算法的精度并没有之前的算法精度高,但适用于解决实际的工程问题。Wang 等[71]于 2013 年基于高阶 FDTD 算法提出了一种共形高阶 FDTD(2, 4)算法,并深入探讨了线、面、体平均值技术对于共形算法精度的影响。然而,共形算法的这些应用均局限于金属表面或者非色散介质表面。Mohammadi 等[72-74]基于色散介质与空气分界面等效介电常数提出了适用于色散介质的共形 FDTD 算法。Zhao 等[75]同样采用色散介质与空气分界面等效介电常数算法,对纳米量级等离子体激元的波导结构进行了精确电磁建模。

第 2 章

高超声速飞行器等离子体特性分析

当飞行器以高马赫数在高空中飞行时,在目标体附近会产生复杂的空气流场。飞行器头部的气体被压缩在飞行器前面形成弓形脱体激波,激波后同时伴有"高温效应",即快速升高的气体温度使空气组分之间产生化学反应,如离解、电离等。流场本质上是电离气体,在至某电离度后气体具有的行为特征与等离子体一致,称为等离子体鞘套。同时流场尾迹中的等离子体覆盖区域更大但是强度降低。流场中的等离子体具有如下特点:弱电离、碰撞、冷的、非磁化。非均匀等离子体鞘套使用于地面控制台和高超声速飞行器通信的电磁信号强度大幅度减小甚至完全衰减,即"黑障"现象。此外,飞行器上安置天线的辐射阻抗会因为电磁波经等离子体鞘套反射作用而发生改变,进而使其系统受干扰而无法正常运行。

2.1 高超声速流动数值模拟

2.1.1 高超声速飞行器流场特性

在约 68 km 以上的高空,空气的密度很低,分子的碰撞频率尤其是电子之间的碰撞频率将急剧减小,飞行器的高速运动状态使得各分子之间相互碰撞所用的时间变得短暂且加快了分子之间反应速率,这种变化会使空气分子的平动、振动和电子激发等各种内能模式比各自的平衡状态滞后很多,因此会出现化学非平衡现象。

图 2.1 给出了飞行器在高速飞行状态下,飞行器周围流场特有的分布状况[76]。图 2.2 给出了典型球锥飞行器在高速飞行过程中空气绕流发生的区域以及化学非平衡现象示意图,在图 2.2 中标明了各个区域所发生的化学现象,由

图 2.2 可以清晰并直观地看出飞行器在高空以高超声速飞行时其四周和头部区域所发生的化学非平衡效应[77]。

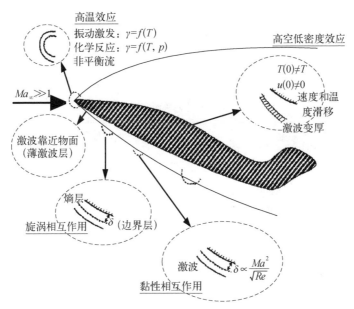

图 2.1　飞行器高速飞行时其周围典型流场状态

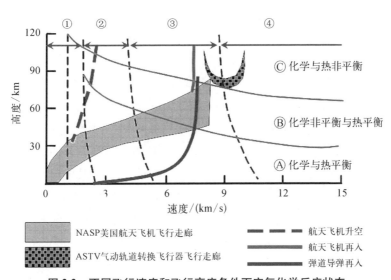

图 2.2　不同飞行速度和飞行高度条件下空气化学反应状态

表 2.1 给出了高超声速飞行器飞行阶段流场热化学现象的变化和各个区域内的化学模型及空气组分组成状况[77-79]。高速飞行器在不同马赫数不同高度

飞行过程中,会出现化学非平衡现象,表 2.1 所示气体组分出现离解、电离和更加复杂的化学反应,此外,由于原子能态被激发,导致各能态之间的不平衡,发生热力学非平衡现象。这种条件下理想气体模型不再适用,必须使用真实气体模型,因此在研究气动热问题的过程中选择合适的空气化学模型至关重要,气动热问题不仅受空气组分的影响,而且受热力学非平衡现象和化学非平衡现象的严重影响[80]。

表 2.1　不同区域化学现象及组分组成

区域及热化学状态		各区域对应的化学组分		
区　域	气动现象	区　域	化学模型	各气体组分
Ⓐ	热化学平衡	①	2 组分	N_2, O_2
Ⓑ	热力学平衡 化学非平衡	②	5 组分	N_2, O_2, N, NO, O
		③	7 组分	$N_2, O_2, N, NO, O, NO^+, e^-$
Ⓒ	热化学非平衡	④	11 组分	$N_2, O_2, N, NO, O,$ $NO^+, N^+, N_2^+, O_2^+, O^+, e^-$

一般来说,飞行速度为马赫数 9 时,飞行器周围的双原子分子就开始分解,当马赫数在 18 以上时,电离现象显著,空气中的电离占据很大比例。在这种极端的环境下,飞行器周围的环境会有很大变化,例如,气体分子的输运系数和热力学性质都会发生显著的变化。随着马赫数的增加温度会急剧升高,温度达到一定程度时,较为理想的量热完全气体模型不再适用。如图 2.3 所示,当温度升至 800 K 时,气体各组分的振动能开始激发;当温度升高至 2 500 K 时,氧气开始分解;当温度升高至 4 000 K 时氧气几乎分解完毕,此时空气中的氮气分子开始分解;温度继续升高至 9 000 K 时,氮气几乎分解完毕,若温度再升高,刚离解的氮原子和氧原子开始发生电离,飞行器附近的气体成分更加丰富,发生电离生成的气体组分还包含 N^+、NO^+、N_2^+、O^+、O_2^+、e^- 等离子,热环境更加恶劣,化学反应更加复杂,这种高温效应也常常称为"真实气体效应"[80]。考虑真实气体效应后,气体组分之间的相互反应和粒子能量的激发吸收了很大一部分热量,流场内的温度大大降低,因此飞行目标附近的热环境将会有显著变化。此外考虑真实气体效应后,分离区的大小和流场中激波位置等流动状态也会发生变化,这将对目标的受热和受力等情况产生影响。

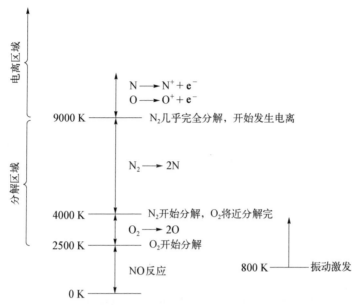

图 2.3　空气的振动激发、离解、电离随温度升高的区间划分示意图

随着计算机应用技术的不断发展,计算流体动力学(computational fluid dynamics, CFD)技术被广泛地应用到针对实际飞行器的设计和仿真领域中,也逐渐成为解决各种空气动力学问题的有效工具。CFD 技术计算效率高,耗费资金、人力、物力和时间少,能够提供复杂飞行器在复杂流场流动时的细节。随着流体力学的快速发展和进步,相应的流体商业软件(如 Fluent、Fastran 等)也应运而生,逐渐成为解决流体问题的重要工具。

由 CFDRC 公司所研发流体软件 Fastran[81] 发展至今功能已比较完善,该软件可以求解高超声速飞行器气动力和气动热等方面的问题。在计算流体力学中对于不可压流动与可压流动来说,解决这两种问题的计算方法完全不同。在不可压流体的流动方面,Fastran 采用基于压力的速度校正法来实现数值模拟,这是由方程自身的性质所决定的。不可压流体的流动方程与可压流体的流动方程的性质存在着很大的差异,对可压流体流动来说,密度的改变占据相当重要的作用,这就要求在解决可压流动问题时要有一套不同的求解方法,这就产生了基于密度的求解方法。Fastran 正是这种基于密度的求解器,具有组分计算功能,通过求解可压缩 Euler 方程和全 N-S 方程,实现了混合物与有限速率的化学反应模拟,结合结构化网格求解器给出了分布式并行处理,结合非结构网格求解器给出了通用多面体网格单元。此外,它还能解决一些极其复杂的航空航天的流动问题,例如,飞行器飞行动力学、各种导弹的发射过程以及多级脱体问题等。

高超声速飞行器绕流流场具有多样的化学组分以及复杂多变的化学反应,典型钝头和尖头模型飞行绕流流场结构如图 2.4 所示[1]。化学反应模型中的气体组分种类包含 5 组元、7 组元以及 11 组元甚至更多,化学反应方程式数目也从几个直至成百上千。在本书中气体被认为是包含部分电离空气的混合物,即 O_2、N_2、O、N、NO、NO^+、e^- 七种组分。首先对模型进行网格划分,将经网格划分处理后的模型导入计算软件,采用 7 组分的 Park‐85 化学反应模型以及双温模型分别对二维 RAM‐CII 模型和三维圆球模型在不同飞行场景下的热化学非平衡流场进行数值模拟与对比分析。

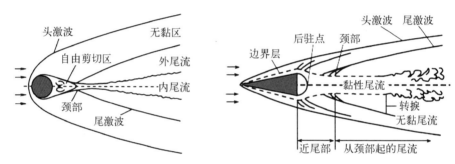

图 2.4　典型钝头和尖头模型飞行绕流流场结构

2.1.2　RAM‐CII 热化学非平衡下流场数值模拟

球锥是一种非常典型的高超声速飞行器简化模型,美国的 RAM‐C 系列实验测量了相关实验数据。本书计算采用的球锥尺寸如下:球头半径 $R = 0.152\,4$ m,半锥角为 9°,长度为 0.3 m,攻角为 0°,对应的计算网格分别如图 2.5(a) 和(b) 所示。为与实验数据进行对比,对球锥在 61 km,马赫数为 23.9 和 71 km,马赫数为 25.9 的流场分布进行数值模拟。在算例中,自由来流空气均假定由 79% 的 N_2 和 21% 的 O_2 组成。壁面为等温壁,$T_w = 1\,500$ K,且满足无滑移边界条件。假定壁面无催化,即壁面不发生化学反应。

化学反应模型采用 Park 在 1985 年提出的 7 组分空气化学反应模型,并采用双温热力学非平衡模型。表 2.2 列出了两个高度飞行时的边界条件和 x、y 方向上网格的划分。

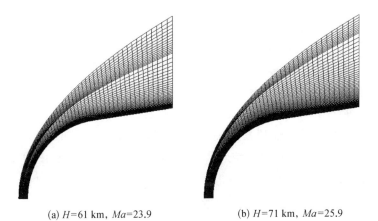

(a) H=61 km, Ma=23.9   (b) H=71 km, Ma=25.9

图 2.5 RAM－CII 计算网格

表 2.2 流场条件和网格划分

编号	高度 /km	马赫数	速度 /(m/s)	静压 /Pa	静温 /K	壁温 /K	Re	节点 分布
1	61	23.9	7 636.4	19.85	254	1 500	19 500	70×70
2	71	25.9	7 658.6	4.764	216	1 500	6 280	70×70

为了验证计算的正确性与合理性,将飞行器长度加长至 1.295 m,计算了球锥峰值电子数密度,与实验[82,83]数据进行了对比,如图 2.6 所示。由图 2.6 可知

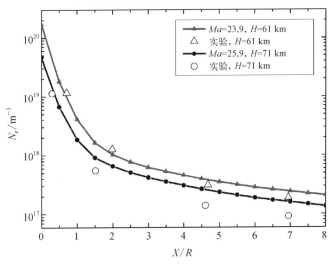

图 2.6 峰值电子数密度

在两个高度处计算得出的峰值电子数密度与飞行实验结果吻合,表明计算结果准确合理。

图 2.7 给出了马赫数为 23.9、61 km 和马赫数为 25.9、71 km 高度下飞行器头部壁面的热流密度值,由图 2.7 可知,在同一高度下,头部壁面处热流密度值最大,沿壁面向后热流密度几乎呈线性下降,这也说明头部驻点区域离解反应最强烈,热交换最剧烈,从而热流密度最大。在不同高度下,61 km 时头部壁面热流密度比 71 km 时头部壁面热流密度值大,说明 71 km 高度处空气比 61 km 高度处稀薄、密度小,以至于空气与飞行器头部的热交换减小,从而热流密度值偏小。本书计算数据和文献[82]中的计算数据相吻合。

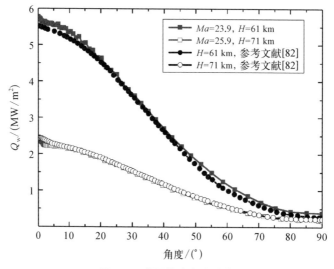

图 2.7   壁面热流密度分布

图 2.8 给出了高度为 61 km 时,双温度模型沿驻点线的温度分布情况,并与文献[82]的计算结果进行了对比,由图 2.8 可知该结果与文献[82]的变化规律吻合得很好,振动温度与文献[82]中 N_2 的振动温度趋势相近,由此说明计算的可行性与合理性。

图 2.9 给出了高度为 71 km 时,双温度模型沿驻点线的温度分布,并同文献[83]进行了对比。在 71 km 的高空,空气稀薄,从图 2.9 中可以看出典型的非平衡现象更加明显。平动温度分布与文献[83]对比吻合,振动温度与文献[83]中 N_2 的振动温度分布趋势一致,但峰值偏高,这也反映了典型的非平衡现象的存在。

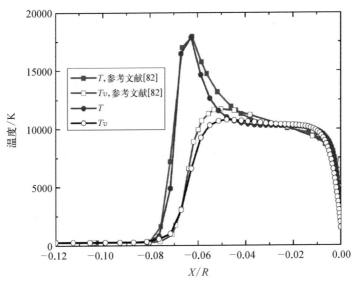

图 2.8　高度为 61 km 时驻点流线温度分布

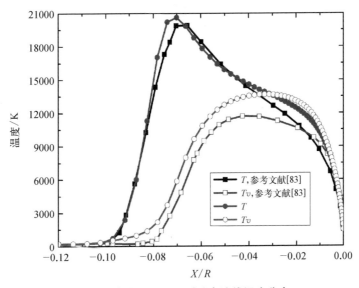

图 2.9　高度为 71 km 时驻点流线温度分布

图 2.10 分别是 61 km 时 N_2 和 O_2 的质量分数分布云图。由图 2.10 可知,在头部壁面附近,N_2 已完全离解,壁面下游 N_2 未完全离解,而在壁面的上游和下游 O_2 却已完全离解。可见 N_2 在头部的离解程度最剧烈。图 2.11 是 61 km 时的平动温度分布云图,由图 2.11 可知头部温度较高,可达到 18 000 K,沿壁面向后温

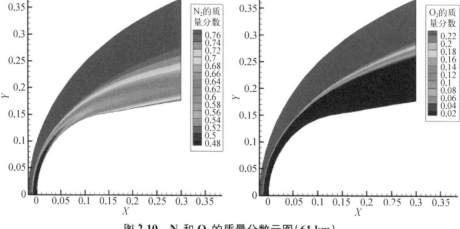

图 2.10 N₂ 和 O₂ 的质量分数云图(61 km)

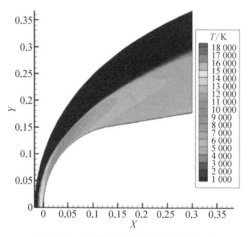

图 2.11 平动温度分布云图(61 km)

度呈现出下降的趋势。这是因为激波后的气体的速度远远小于激波前的速度,所以激波后的温度急速下降。头部驻点区的温度最高,这也是头部驻点区空气离解反应最强烈的主要原因。

图 2.12 分别是高度为 71 km,马赫数为 25.9 时的 N₂ 和 O₂ 质量分数分布云图,图 2.13 是该工况下的温度分布云图,最高温度比图 2.11 大 2 000 K,结合图 2.12,说明在马赫数为 25.9 的工况下,离解反应更强烈,能释放出更多的热量,从而温度更高。

图 2.14 表示的是 61 km 时沿驻点线质量分数分布情况。由图 2.14 可知随着化学反应的不断进行,物面附近的 O₂ 已全部离解,物面处的 N₂ 也有

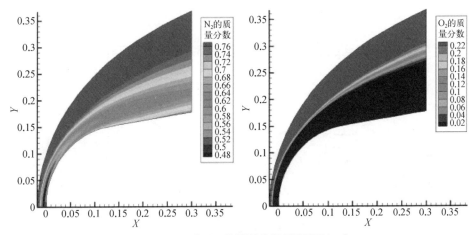

图 2.12　N_2 和 O_2 的质量分数云图(71 km)

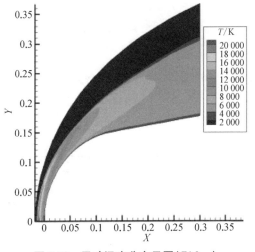

图 2.13　平动温度分布云图(71 km)

很大一部分已经离解。我们看到 N_2 在靠近壁面处有回升的趋势,这是由于考虑离解—振动耦合,氮原子重新发生组合的缘故。在流场中生成很少的电子,它的生成受温度的影响。一般来说,温度越高,则电子的生成速率越快、产生浓度也越大。

　　图 2.15 给出了马赫数为 25.9、71 km 高度下驻点线上的质量分数分布曲线,从图 2.15 可知 O_2 在激波后几乎已全部离解,在靠近圆柱表面处,N 和 O 发生化合反应,生成产物 NO。以上计算结果与文献和实验结果吻合得较好,证明计算结果正确、合理。

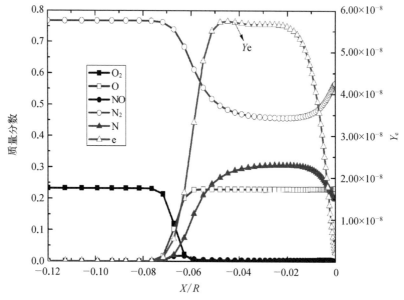

图 2.14　驻点流线上质量分数分布(61 km)

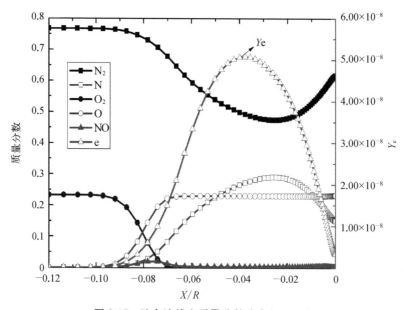

图 2.15　驻点流线上质量分数分布(71 km)

2.2　等离子体判据

2.2.1　等离子体判断依据

作为以第四态物质存在于自然界的等离子体,广义上涵盖电离度一定的电离气体。然而,电离气体表现出等离子体的行为特性而被认定是等离子体的前提是必须先满足等离子体判据。

与导体对静电场的屏蔽相类似,任何外加电场都会引起等离子体内部自由电荷的重新分布,而这些重新分布的自由电荷所产生的电场又会对外加电场起着屏蔽的作用,这称为等离子体的德拜屏蔽效应[84-86]。

假设等离子体中的带电粒子(电子和离子)均处于热平衡状态,其中任意一个电量为 q 的带电粒子周围的静电势 $\varphi(r)$ 满足泊松方程:

$$\nabla^2 \varphi(r) = -\frac{\rho(r)}{\varepsilon_0} \tag{2.1}$$

式中, ε_0 为真空中的介电常数,而在距离带电粒子为 r 的位置上,电荷密度为 $\rho(r)$。假设等离子体中的带电粒子服从玻尔兹曼分布,则

$$n_e(r) = n_{e0}\exp\left[\frac{e\varphi(r)}{K_B T_e}\right] \tag{2.2}$$

$$n_i(r) = n_{i0}\exp\left[-\frac{Z_i e\varphi(r)}{K_B T_i}\right] \tag{2.3}$$

式中, Z_i 为离子的电荷数, n_{e0} 和 n_{i0} 分别为 $\varphi = 0$ 处电子数密度和离子数密度,且满足电中性条件 $n_{e0} = Z_i n_{i0} = n_0$。当距离带电粒子足够远时,有 $e\varphi \ll K_B T_e$、 $Z_i e\varphi \ll K_B T_i$,将式(2.2)和式(2.3)作泰勒级数展开,保留到一次项,得

$$n_e(r) = n_{e0}\left[1 + \frac{e\varphi(r)}{K_B T_e}\right] \tag{2.4}$$

$$n_i(r) = n_{i0}\left[1 - \frac{Z_i e\varphi(r)}{K_B T_i}\right] \tag{2.5}$$

根据电中性条件 $n_{e0} = Z_i n_{i0} = n_0$ 以及式(2.4)和式(2.5),此处的电荷密度 $\rho(r)$ 可表示为

$$\rho(r) = n_i(r)Z_ie - n_e(r)e = e[n_i(r)Z_i - n_e(r)]$$

$$= -\frac{n_{e0}e^2(Z_iT_e + T_i)}{K_BT_eT_i}\varphi(r) \tag{2.6}$$

将式(2.6)代入式(2.1)的球坐标形式,得

$$\frac{1}{r^2}\frac{\mathrm{d}}{\mathrm{d}r}\left(r^2\frac{\mathrm{d}\varphi}{\mathrm{d}r}\right) = \frac{\varphi}{\lambda_D^2} \tag{2.7}$$

式中

$$\lambda_D = \left[\frac{\varepsilon_0 K_B T_e T_i}{(Z_i T_e + T_i)n_0 e^2}\right]^{1/2} \tag{2.8}$$

称为德拜长度或者德拜半径(书中用 λ_D 表示)。假设离子均匀不动,即 $n_i(r) = n_i = n_0/Z_i$,则电子德拜长度 $\lambda_{D,e}$ 为

$$\lambda_{D,e} = \left(\frac{\varepsilon_0 K_B T_e}{n_0 e^2}\right)^{1/2} \tag{2.9}$$

同理,假设电子均匀不动,即 $n_e(r) = n_e = n_0$,则离子德拜长度 $\lambda_{D,i}$ 分别为

$$\lambda_{D,i} = \left(\frac{\varepsilon_0 K_B T_e}{Z_i n_0 e^2}\right)^{1/2} \tag{2.10}$$

式(2.7)的通解为

$$\varphi(r) = \frac{A}{r}\exp\left(-\frac{r}{\lambda_D}\right) + \frac{B}{r}\exp\left(\frac{r}{\lambda_D}\right) \tag{2.11}$$

式中,A、B 为待定的常数。根据边界条件 $r \to \infty$,$\varphi \to 0$ 以及 $r \to 0$,$\varphi \to q/4\pi\varepsilon_0 r$ 可得 $A = q/4\pi\varepsilon_0$,$B = 0$,代入式(2.11)得到带电粒子周围的静电势形式为

$$\varphi(r) = \frac{q}{4\pi\varepsilon_0 r}\exp\left(-\frac{r}{\lambda_D}\right) \tag{2.12}$$

式(2.12)为德拜势(Debye - Hückel 势或 Yukawa 势)[87]。与点电荷(带电量为 q)的库仑势 $q/4\pi\varepsilon_0 r$ 在真空中以 r 的一次幂衰减不同,德拜势在数学上等于库仑势乘上 $\exp(-r/\lambda_D)$,其在等离子体中以指数形式衰减,显然德拜势随距离的增加下降得比库仑势下降得更快。在 $r = \lambda_D$ 的位置上,德拜势仅有库仑势的 $\exp(-1)$,

而在 $r > \lambda_D$ 的位置,德拜势则更小,基本可认为不存在。由此可见,德拜长度 λ_D 是等离子体中保持准电中性的最小空间尺度。也就是说,等离子体中的带电粒子之间距离,在小于德拜长度 λ_D 的区域内,粒子之间的相互作用力为不受其他粒子影响的库仑作用力,在此空间尺度范围内的电场显然不为零,因而等离子体不呈现电中性;而在大于德拜长度 λ_D 的区域内,粒子之间的相互作用力由于德拜屏蔽效应的存在以及其他粒子的干扰而表现为多粒子集体的相互作用,在此空间尺度范围内的电场基本为零,因而等离子体呈现电中性。集体相互作用性质是等离子体作为物质的第四态最重要的性质。

保证等离子体的电中性的最小空间尺度为德拜长度 λ_D。等离子体判据是指:① 无静电荷,即满足电中性要求;② 流体运动特征长度 L 远大于德拜长度 λ_D,也就是

$$\lambda_D \ll L \tag{2.13}$$

当式(2.13)不满足时,则等离子体不能被视作准电中性的物质聚集态。λ_D 的物理意义为由热能导致的等离子体中正负电荷的分开距离,抑或表示非零静电荷之间的距离。假设弱电离气体静温 $T = 10\,000$ K,且电子数密度为 $n = 10^{12}$ cm^{-3},则对应 $\lambda_D = 7 \times 10^{-6}$ m。该值满足远小于宏观电离气体的运动特征长度 L 的要求。并且,当电离气体满足 $\lambda_D \ll L$ 条件时,通常也满足电中性要求,故可认为是等离子体。也就是说,式(2.13)其实是对电离气体的电离度最小值做出了限制。

其实准确来说,即使同时达到上述两个判据条件,电离气体仍然不能被称作等离子体,只有达到时间尺度要求 $\tau > \tau_{pe}$ 时,才能成为"真正的"等离子体。其中,τ 表示等离子体时间长度,τ_{pe} 表示等离子体存在时间尺度最小值,即电子以平均热运动速度 $V_e = (K_B T_e / m_e)^{1/2}$ 穿过电子德拜长度 λ_D 的时间

$$\tau_{pe} = \frac{\lambda_D}{V_e} = \left(\frac{\varepsilon_0 m_e}{n_e e^2} \right)^{1/2} \tag{2.14}$$

为等离子体的特征时间尺度,该值也是等离子体内部德拜屏蔽势建立所需要的最小时间,它代表了等离子体对外加扰动的响应时间。

在前面德拜屏蔽势的建立过程中,假设等离子体中的粒子满足玻尔兹曼分布,则需要德拜长度 λ_D 范围内的区域所含粒子数目非常大,即满足

$$g = \frac{1}{n_e \lambda_D^3} \ll 1 \tag{2.15}$$

g 称为等离子体参量[88]，是度量粒子平均势能与平均动能之比的一个无量纲的量。由上述讨论可得出：等离子体严格判据要求德拜长度 $\lambda_D \ll L$，$\tau > \tau_{pe}$ 且 $g \ll 1$。

2.2.2　高超声速目标流场的等离子体特性

对不同飞行场景下球模型绕流流场采用等离子体判据进行判断。图 2.16(a)~(c)分别表示 $H = 30$ km，马赫数分别为 6,12,20 时圆球头部流场中电离度与德拜长度分布。其中上半图表示德拜长度，下半图表示电离度。随着飞行马赫数的增加，电离度增大而德拜长度减小。这是因为飞行马赫数增加导致电子数密度增大，而电离度与电子数密度成正比，德拜长度与其成反比。超声速飞行器绕流流场中激波前后流场参数存在突变，则电离度与德拜长度同样会在激波前后产生突变。激波后电子数密度快速增加，电离度也随之增大，说明激波层是空气电离反应的主要区域；德拜长度随之减小，更容易满足判据条件。图 2.17(a)~(c)分别表示 $Ma = 12$，飞行高度分别为 30 km,40 km,50 km 时圆球头部流场中电离度与德拜长度分布。由图 2.17 可知，随着高度的增加，电离度减小而德拜长度增加，这是因为飞行高度的增加导致空气密度减小，电子数密度也随之减小。圆球模型 $R = 0.012$ m，则其特征长度为 0.012 m。圆球头部绕流流场激波

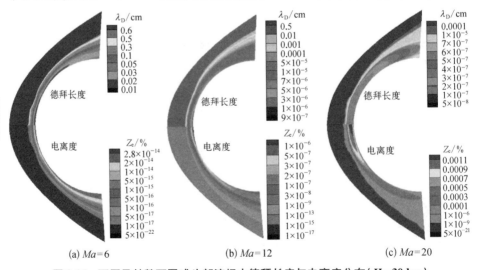

图 2.16　不同马赫数下圆球头部流场中德拜长度与电离度分布($H = 30$ km)

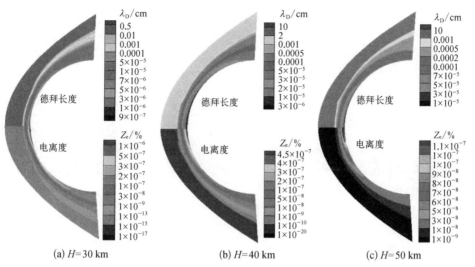

(a) $H=30$ km　　　　(b) $H=40$ km　　　　(c) $H=50$ km

图 2.17　不同高度下圆球头部流场中德拜长度与电离度分布($Ma=12$)

层厚度(即激波脱体距离)为流场特征尺寸。而随着飞行马赫数增加,激波脱体距离减小。一般情况下,头部激波脱体距离量级为 $10^{-3} \sim 10^{-2}$ m,尾迹激波层量级是头部的几十倍甚至更大。

2.3　等离子体频率与等离子体碰撞频率

2.3.1　等离子体频率

等离子体内部存在一种特有的集体行为,即等离子体振荡[85],这一现象最早由朗缪尔(Langmuir)在 1929 年研究气体放电过程时发现。假设等离子体的电中性位置在 $x = 0$ 处,电子相对离子产生一个向 $x > 0$ 方向的位移,此时正负电荷中心不在同一位置,电子受在 $x = 0$ 处形成的电场所产生的静电力作用,向 $x = 0$ 位置运动,并由于惯性,最终将围绕 $x = 0$ 位置进行振荡。忽略电子热运动和碰撞效应,并且不考虑外加磁场,则等离子体中单个电子的运动方程为

$$m_e \frac{\mathrm{d}^2 x}{\mathrm{d}t^2} = -\frac{n_e e^2 x}{\varepsilon_0} \tag{2.16}$$

式(2.16)中等号右边的负号表示电子运动方向与电场方向相反, m_e 为电子

质量, n_e 为电子数密度, 可改写为振荡方程形式

$$\frac{\mathrm{d}^2 x}{\mathrm{d}t^2} + \omega_{\mathrm{pe}}^2 x = 0 \qquad (2.17)$$

式中,

$$\omega_{\mathrm{pe}} = \left(\frac{n_e e^2}{\varepsilon_0 m_e}\right)^{1/2} \qquad (2.18)$$

称为等离子体电子振荡频率或朗缪尔振荡频率[87]。相应的线频率为

$$f_{\mathrm{pe}} = \frac{\omega_{\mathrm{pe}}}{2\pi} \qquad (2.19)$$

同理可得等离子体离子振荡频率为

$$\omega_{pi} = \left(\frac{n_i Z_i^2 e^2}{\varepsilon_0 m_i}\right)^{1/2} \qquad (2.20)$$

式中, n_i 为离子数密度; Z_i 为离子的电荷量; m_i 为离子质量, 由于 $m_i \gg m_e$, 且 $\omega_{\mathrm{pe}}/\omega_{pi} \sim (m_i/m_e)^{1/2}$, 所以 $\omega_{\mathrm{pe}} \gg \omega_{pi}$。 根据等离子体(振荡)频率

$$\omega_p^2 = \omega_{\mathrm{pe}}^2 + \omega_{pi}^2 \qquad (2.21)$$

可知, 等离子体频率可近似为

$$\omega_p \leftrightarrows \omega_{\mathrm{pe}} = \left(\frac{n_e e^2}{\varepsilon_0 m_e}\right)^{1/2} \qquad (2.22)$$

等离子体振荡体现了等离子体中粒子间相互作用而形成有组织的集体运动, 其频率反映了等离子体中的电子所能响应振荡的最高频率[89]。

2.3.2 碰撞频率

假设等离子体中只有一价离子并忽略粒子的电离、转荷和复合等过程, 在弱电离等离子体中, 各碰撞频率满足以下关系[87]

$$\nu_{em} \gg \nu_{ei}, \ \nu_{ee}, \ \nu_{im} \gg \nu_m, \ \frac{m_e}{m_i}\nu_{ei} \qquad (2.23)$$

式中, ν_{em} 是电子与中性粒子的碰撞频率; ν_{ei} 是电子与离子的碰撞频率; ν_{ee} 是电子之间的碰撞频率; ν_{im} 是离子与中性粒子的碰撞频率; ν_m 是中性粒子之间的碰

撞频率；m_e 是电子质量；m_i 是离子质量。由于离子的质量远大于电子质量，所以通常电子的运动速度比离子的运动速度大得多，而碰撞频率与粒子的运动速度相关，因此，在弱电离等离子体中主要考虑电子与中性粒子之间的碰撞频率[90,91]。

在温度为 T 的大气中，电子与气体中的中性粒子之间的碰撞频率为

$$\nu_{em} = 6.3 \times 10^{-9} n_m \sqrt{\frac{T}{300}} \tag{2.24}$$

式中，n_m 表示中性粒子数密度。式 (2.24) 是在 $\omega^2 \gg \nu_{\text{eff}}^2$（即高频的极限情况，$\omega$ 为电磁波频率，ν_{eff} 为等效碰撞频率）下建立的，并且在应用到电离层时，即使不考虑成分和温度的变化，也可能包含百分之几十的误差[91,92]。

若电子温度 $T_e \gg T$，则电子与空气中离子碰撞频率等于

$$\nu_{ei} = \frac{5.5n}{T_e^{3/2}} \left| \ln\left(\frac{280T_e}{n_i^{1/3}}\right) + \frac{1}{3}\ln\left(\frac{T}{T_e}\right) \right| \tag{2.25}$$

式中，n_i 表示离子数密度。等离子体频率 $\nu \approx \nu_e = \nu_{em} + \nu_{ei}$，该公式适用温度范围很大，然而在低温弱电离等离子体中，$n_m \gg n_i$，从而导致 $\nu_{em} \gg \nu_{ei}$，此时 ν_{ei} 可以忽略。例如，静温 $T = 300\text{ K}$，静压 P 等于一个大气压时，$\nu_{em} = 1.7 \times 10^{11}\text{ Hz}$；而离子数密度为 $10^{10} \sim 10^{12}\text{ cm}^{-3}$，$\nu_{ei} = 10^5 \sim 10^7\text{ Hz}$。所以，一般情况下认为 $\nu \approx \nu_e \approx \nu_{em}$。

经过查阅中英文文献，目前现有的等离子体碰撞频率计算方法除以上方法外，还有以下 7 种[93]。

（1）在包含多组分化学反应的等离子体鞘套中，基于碰撞截面的电子与中性粒子的碰撞频率表达式由分子动力论[15]推导出

$$\nu = n_m \left(\frac{8KT_e}{\pi m_e}\right)^{1/2} \sum_{i=1}^{n} X_i Q_i \tag{2.26}$$

式中，n_m 表示中性粒子数密度；X_i 表示空气组分 i 的质量分数；Q_i 为组分 i 的有效电子——中性粒子能量转换截面，即碰撞截面是电子温度的函数。

（2）纯空气中电子与中性粒子的碰撞频率由静温和静压决定，表达式如下

$$\nu = 5.82 \times 10^{12} p T^{-1/2} (\text{s}^{-1}) \tag{2.27}$$

式中，$2\,000\text{ K} < T < 6\,000\text{ K}$，$p = $ 大气压。

　　当热融效应已经不可忽略时,热融物质能明显改变等离子体碰撞频率 ν 值的大小。由气体动力学理论推导 ν 表达式为[15]

$$\nu = n_m \left(\frac{3KT_e}{m_e}\right)^{1/2} \sum_{i=1}^{N} X_i Q_i \tag{2.28}$$

式中, n_m 表示总中性粒子数密度, $n_m = p/KT$; X_i 表示空气组分 i 的质量分数; Q_i 表示碰撞截面。空气组分 O_2、O、N_2 以及 NO 的 Q_i 值如图 2.18 所示[94]。

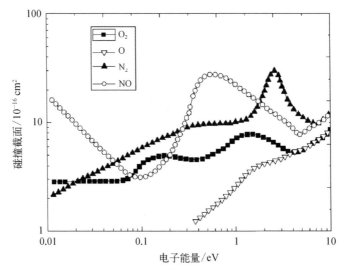

图 2.18　各组分碰撞截面——电子能量关系

　　(3) 多组分气体中电子与中性粒子的碰撞频率[95]为

$$\nu = \sum_i x_i \frac{p}{T} \times 10^{13} f_i(E_u) \tag{2.29}$$

式中, x_i 表示第 i 种组分的摩尔分数; p 表示混合气体总压力; $f_i(E_u)$ 取决于 $E_u = \frac{m_e \upsilon^2}{2}$,且该函数随气体种类变化。其中, $\upsilon = \sqrt{\frac{8KT_e}{\pi m_e}}$ 表示电子运动速度,服从麦克斯韦分布, K 表示玻尔兹曼常量。由于不同气体组分有不同的 f_i 表达式,并且该表达式难以获得,所以此计算公式的可行性不高。

　　(4) 碰撞频率是以下参量的函数:① 电子速度 υ;② 与电子碰撞的粒子的浓度 n;③ 这些粒子的有效碰撞截面 Q[96]。碰撞频率由式(2.30)给出

$$\nu = n\upsilon Q \tag{2.30}$$

当电子与遵循严格球面半径 a_0 的中性粒子碰撞时，$Q_0 = \pi a_0^2$。

假定 v 服从麦克斯韦分布，则

$$\bar{v} = \left(\frac{8kT_e}{\pi m_e} \right)^{1/2} \tag{2.31}$$

并且

$$\overline{v^2} = \frac{3kT_e}{m_e} \tag{2.32}$$

式（2.26）与式（2.28）的差别，原因在于式（2.26）采用式（2.31），即 $\bar{v}$ 替换电子速度 v；而式（2.28）则采用式（2.32）的平方根，即 $\sqrt{\overline{v^2}}$ 替换 v。因为电子速度 v 是随时间变化的瞬时值，计算起来十分复杂，所以这样的替换在工程上是允许的。

对于中性粒子，有[97]

$$\nu = \frac{3\pi^2}{8} n_m \bar{v} a_0^2 \tag{2.33}$$

式中，n_m 表示中性粒子数密度；$\bar{v}$ 表示电子的平均速度；a_0 表示中性粒子的碰撞半径，可以在 CFD-FASTRAN 软件中查阅到，整理如表 2.3 所示。

表 2.3　各中性粒子的碰撞半径和摩尔质量

i	碰撞直径/Å	摩尔质量/(kg/kmol)	$a_0^2/10^{-20}$ m²
N	3.298	14.006 74	2.719
N_2	3.798	28.013 48	3.606
NO	3.492	30.006 14	3.049
O	3.050	15.999 40	2.326
O_2	3.467	31.998 8	3.005

（5）在包含多组分化学反应的等离子体鞘套中，基于碰撞截面的电子与单种空气组分的中性粒子的碰撞频率表达式可由分子动力论推导[9]

$$\nu = n_m Q_i \left(\frac{8KT_e}{\pi m_e} \right)^{1/2} \tag{2.34}$$

式中,n_m 表示中性粒子数密度;Q_i 表示组分 i 的有效电子——中性粒子能量转换截面,即碰撞截面是电子温度的函数。组分 i 与组分 j 的碰撞截面可表示为[10]

$$\pi\,\overline{\Omega}_{i,j}^{(1,1)} = \left[\exp\left(D_{\overline{\Omega}_{i,j}^{(1,1)}}\right)\right]T^{\left[A_{\overline{\Omega}_{i,j}^{(1,1)}}(\ln T)^2 + B_{\overline{\Omega}_{i,j}^{(1,1)}}\ln T + C_{\overline{\Omega}_{i,j}^{(1,1)}}\right]} \tag{2.35}$$

式中,系数 $A_{\overline{\Omega}_{i,j}^{(1,1)}}$、$B_{\overline{\Omega}_{i,j}^{(1,1)}}$、$C_{\overline{\Omega}_{i,j}^{(1,1)}}$、$D_{\overline{\Omega}_{i,j}^{(1,1)}}$ 如表 2.4 所示,其适用温度范围为 $1\,000\,\text{K} < T < 30\,000\,\text{K}$。高超声速飞行器绕流流场的温度峰值一般小于 $30\,000\,\text{K}$,故可使用式(2.34)计算电子与空气中性粒子的碰撞截面。其中式(2.34)的各系数均为实验测量,实验条件为存在化学反应,这些系数是碰撞截面受化学反应与空气组分变化影响程度的主要体现。当 $T \leqslant 1\,000\,\text{K}$ 时,化学反应减少,空气组分变化也不大,对碰撞截面的影响变小,此时继续采用式(2.35)计算碰撞截面是一种合理近似。

表 2.4　碰撞截面系数表

相互作用组合 (i-j)	$A_{\overline{\Omega}_{i,j}^{(1,1)}}$	$B_{\overline{\Omega}_{i,j}^{(1,1)}}$	$C_{\overline{\Omega}_{i,j}^{(1,1)}}$	$D_{\overline{\Omega}_{i,j}^{(1,1)}}$	温度范围/K
$e-N_2$	0.114 7	$-2.894\ 5$	24.508 0	$-67.369\ 1$	1 000~30 000
$e-O_2$	0.024 1	$-0.346\ 7$	1.388 7	$-0.011\ 0$	1 000~9 000
	0.002 5	$-0.074\ 2$	0.723 5	$-0.211\ 6$	9 000~30 000
$e-N$	0	0	0	1.609 4	1 000~30 000
$e-O$	0.016 4	$-0.243\ 1$	1.123 1	$-1.556\ 1$	1 000~9 000
	$-0.202\ 7$	5.642 8	$-51.564\ 6$	155.609 1	9 000~30 000
$e-NO$	$-0.220\ 2$	5.226 5	$-40.565\ 9$	104.712 6	1 000~8 000
	$-0.287\ 1$	8.375 7	$-81.378\ 7$	265.629 2	8 000~30 000

注:上述碰撞截面单位为 Å^2,1 Å$^2 = 10^{-16}\,\text{cm}^2$。

(6) 当飞行器温度变化范围为 $1\,500\,\text{K} \leqslant T \leqslant 3\,000\,\text{K}$ 时,飞行器头部峰值可达 $5\,000\,\text{K}$。将碰撞频率作为温度的函数[98],则

$$\nu = 5.2 \times 10^{12} \times \text{Ne}(z) \times K \times T \tag{2.36}$$

式中,$K = 1.38 \times 10^{-23}\,\text{J/K}$,为玻尔兹曼常量。

(7) 冷等离子体的有效碰撞频率[99]如下:

$$\nu = 2.3 \times 10^{-14}\omega_P^2 T \tag{2.37}$$

上述所研究的高超声速飞行器等离子体属于多组分化学非平衡流动,且温

度量级较高,在马赫数很高时头部温度峰值甚至上万,所以选用式(2.34)计算各中性粒子与电子碰撞频率,组分碰撞截面采用如下方式获得:① 从图 2.18 曲线中读取;② 对曲线进行多项式拟合,使用拟合公式进行计算。

2.3.3　飞行场景对等离子体频率和等离子体碰撞频率的影响

等离子体的两个特征频率都由流场参数决定,因此会受飞行场景影响。图 2.19(a) 和(b)分别表示 $Ma=23.9$ 和 $Ma=25.9$ 时二维 RAM - CII 绕流流场中等离子体频率和等离子体碰撞频率分布,图 2.20 表示不同飞行条件下圆球头部流场中等离子体频率和等离子体碰撞频率分布。图 2.20(a) ~ (d)分别表示的飞行场景为 $H=30$ km,$Ma=12$、$H=30$ km,$Ma=20$、$H=40$ km,$Ma=12$ 以及 $H=50$ km,$Ma=12$。由图 2.20 可知,随着飞行马赫数增加,激波脱体距离减小,等离子体鞘套的厚度也减小;电子数密度增大导致等离子体频率峰值随之增大;气体密度增大,温度升高导致化学反应程度增加,所以等离子体碰撞频率峰值也随之增大。飞行高度增加,激波脱体距离不变,等离子体鞘套厚度不变;电子数密度减小导致等离子体频率峰值减小,气体密度减小导致等离子体碰撞频率峰值减小。由于等离子态鞘套是非均匀的,其特征参数沿壁面流向和法向快速变化,并且沿法向比流向变化梯度更大。图 2.20 中飞行高度及飞行马赫数条件下,圆球头部等离子体鞘套的等离子体频率数量级为 1 ~ 100 GHz,而分布区域较小;尾迹与边界层外等离子体分布区域更广,但是强度比头部小得多。

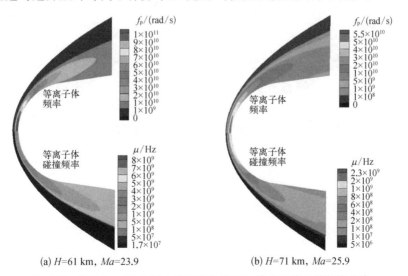

(a) H=61 km, Ma=23.9　　　　(b) H=71 km, Ma=25.9

图 2.19　RAM - CII 流场中等离子体频率和等离子体碰撞频率分布

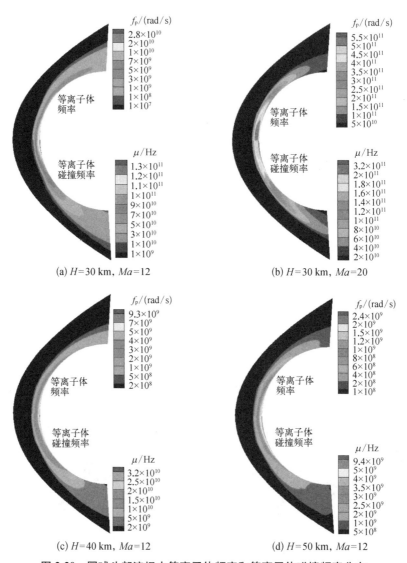

(a) $H=30$ km, $Ma=12$

(b) $H=30$ km, $Ma=20$

(c) $H=40$ km, $Ma=12$

(d) $H=50$ km, $Ma=12$

图 2.20   圆球头部流场中等离子体频率和等离子体碰撞频率分布

2.4   等离子体中的电磁参数

高超声速飞行器飞行过程中所形成的包括飞行器本体以及尾迹在内的绕流流场是一种非磁化、非均匀、弱电离的等离子体包覆流场[1]。在研究电磁波在其中的传播特性之前,先分析等离子体的介电性和导电性。当等离子体中的电子作为束缚电荷在外加电场的影响下,偏离电中性位置,与离子组成电偶极子时,等离子体表现出电介质的性质。当等离子体中的电子作为自由电荷对外加电场进行响应时,与此同时也受到等离子体中其他粒子的作用影响,等离子体表现出导体的性质。

2.4.1　等离子体的电介质特性

首先,等离子体的有效介电系数的表达式可以通过假设电子在外加电场影响下形成极化电流得到。等离子体中的电子在时变场的作用下发生位移 r,偏离电中性位置,与离子构成了偶极矩为 $-er$ 的电偶极子,则在单位体积内的极化强度 P 为

$$P = -n_e er = \varepsilon_0 \chi E \tag{2.38}$$

式中, n_e 是单位体积内的电子数,也称为电子数密度,单位为 $1/m^{-3}$; e 为电子电量; ε_0 为真空中的介电系数; χ 为等离子体的电极化率; E 为引起电子运动的电场。

弱电离等离子体在无外磁场的情况下,并忽略与时变电场相关磁场的影响,电子在电场作用下的运动方程可由朗之万方程(the Langevin equation)[100]描述为

$$m_e \frac{\partial^2 r}{\partial t^2} + m_e \nu \frac{\partial r}{\partial t} = -eE \tag{2.39}$$

式中, m_e 为电子质量; ν 为电子碰撞频率。

由 $\partial/\partial t \to i\omega$,式(2.39)可以改写为

$$-\omega^2 r + i\omega\nu r = \frac{-e}{m_e}E \tag{2.40}$$

得

$$r = \frac{e}{m_e\omega(\omega - i\nu)}E \tag{2.41}$$

根据式(2.38)和式(2.41),等离子体的电极化率为

$$\chi = \frac{-n_e er}{\varepsilon_0 E} = \frac{-n_e e^2}{\varepsilon_0 m_e\omega(\omega - i\nu)} \tag{2.42}$$

等离子体频率表达式

$$\omega_p = \sqrt{\frac{n_e e^2}{\varepsilon_0 m_e}} \tag{2.43}$$

式(2.42)可以写为

$$\chi = \frac{-\omega_p^2}{\omega(\omega - \mathrm{i}\nu)} = \frac{-\omega_p^2}{\omega^2 + \nu^2} - \mathrm{i}\frac{\nu}{\omega}\frac{\omega_p^2}{(\omega^2 + \nu^2)} \tag{2.44}$$

式(2.44)说明等离子体的电极化率是复数。因此,等离子体的复相对介电系数可以写为

$$\varepsilon_r = \varepsilon_r' - \mathrm{i}\varepsilon_r'' = 1 + \chi = 1 - \frac{\omega_p^2}{\omega(\omega - \mathrm{i}\nu)} \tag{2.45}$$

式中,等离子体的复相对介电常数的实部 ε_r' 和虚部 ε_r'' 分别为

$$\varepsilon_r' = 1 - \frac{\omega_p^2}{\omega^2 + \nu^2} \tag{2.46}$$

$$\varepsilon_r'' = \frac{\nu}{\omega}\frac{\omega_p^2}{(\omega^2 + \nu^2)} \tag{2.47}$$

2.4.2 等离子体的导体特性

在包含有电子、离子和各种中性粒子的弱电离等离子体中,带电粒子与中性粒子的碰撞占主导。由于 $m_e \ll m_i$,m_e、m_i 分别为电子质量和离子质量,所以在研究等离子体的导体特性时,电子是等离子体中电流的主要载流子。同样在无外磁场的情况下,并忽略与时变电场相关的磁场的影响,弱电离等离子体中电子的运动方程可以由朗之万方程用电子的运动速度 $\boldsymbol{v}_e$ 表示为

$$m_e \frac{\mathrm{d}\boldsymbol{v}_e}{\mathrm{d}t} = -e\boldsymbol{E} - m_e \nu \boldsymbol{v}_e \tag{2.48}$$

式(2.48)的最后一项 $-m_e\nu\boldsymbol{v}_e$ 表示有耗等离子体($\nu \neq 0$)中由粒子相互作用引起的动量损失的黏性力,主要描述电子在电场运动中,通过与等离子体中的其他粒子碰撞而耗散能量。由 $\partial/\partial t \to \mathrm{i}\omega$,式(2.48)可以改写为

$$i\omega \boldsymbol{v}_e + \nu \boldsymbol{v}_e = \frac{-e}{m_e}\boldsymbol{E} \tag{2.49}$$

求解得电子的运动速度

$$\boldsymbol{v}_e = \frac{-e\boldsymbol{E}}{m_e(\nu + i\omega)} \equiv \mu_e \boldsymbol{E} \tag{2.50}$$

式中,

$$\mu_e = \frac{-e}{m_e(\nu + i\omega)} \tag{2.51}$$

为电子的迁移率。根据电流密度定义和欧姆定律,考虑到等离子体中电流的主要载流子是以速度 $\boldsymbol{v}_e$ 运动的电子,则其电流密度

$$\boldsymbol{J} = -n_e e \boldsymbol{v}_e = \sigma \boldsymbol{E} \tag{2.52}$$

式中,电导率

$$\sigma = -n_e e \mu_e = \frac{n_e e^2}{m_e(\nu + i\omega)} = \frac{\varepsilon_0 \omega_p^2}{\nu^2 + \omega^2}(\nu - i\omega) \tag{2.53}$$

由式(2.53)可知,非磁化等离子体的电导率是复数,说明电流相对电场有相移。如果电场的角频率 $\omega = 0$,则非磁化等离子体的直流电导率为

$$\sigma_{dc} = \frac{n_e e^2}{m_e \nu} \tag{2.54}$$

直流电导率 σ_{dc} 在碰撞频率 $\nu \to 0$ 时, $\sigma_{dc} \to \infty$。这表明此时等离子体中的电子成为无碰撞的"完全自由"的粒子。

2.4.3　电磁波在等离子体中的传播特性

在均匀各向同性线性无源介质中,用介电系数 ε、电导率 σ 和磁导率 μ 表示的电场矢量 $\boldsymbol{E}$ 所满足的波动方程[101]为

$$\nabla^2 \boldsymbol{E} - \mu\sigma \frac{\partial \boldsymbol{E}}{\partial t} - \mu\varepsilon \frac{\partial^2 \boldsymbol{E}}{\partial t^2} = 0 \tag{2.55}$$

假设非磁化等离子体的导电性为零($\sigma = 0$),磁导率为真空中的磁导率 μ_0,可得

$$\nabla^2 \boldsymbol{E} + \mu_0 \varepsilon_0 \left[1 - \frac{\omega_p^2}{\omega^2 + \nu^2} - \mathrm{i} \frac{\nu \omega_p^2}{\omega(\omega^2 + \nu^2)} \right] \omega^2 \boldsymbol{E}$$
$$= \nabla^2 \boldsymbol{E} + \mu_0 \varepsilon \omega^2 \boldsymbol{E} = 0 \tag{2.56}$$

或者假设非磁化等离子体的磁导率为 μ_0, 介电系数为 ε_0, 将式(2.53)的复电导率 σ 代入式(2.55), 得

$$\nabla^2 \boldsymbol{E} - \mathrm{i} \frac{\omega \mu_0 \varepsilon_0 \omega_p^2}{\nu^2 + \omega^2} (\nu - \mathrm{i}\omega) \boldsymbol{E} + \mu_0 \varepsilon_0 \omega^2 \boldsymbol{E}$$
$$= \nabla^2 \boldsymbol{E} + \mu_0 \varepsilon_0 \omega^2 \left[1 - \frac{\omega_p^2}{\nu^2 + \omega^2} - \mathrm{i} \frac{\omega_p^2}{\omega(\nu^2 + \omega^2)} \right] \boldsymbol{E}$$
$$= \nabla^2 \boldsymbol{E} + \mu_0 \varepsilon \omega^2 \boldsymbol{E} = 0 \tag{2.57}$$

根据 $\varepsilon = \varepsilon_0 \varepsilon_r$, $\mu_0 \varepsilon_0 = 1/c^2$, 取 $\boldsymbol{E}$ 为平面波形式 $\exp[\mathrm{i}(\omega t - \boldsymbol{k} \cdot \boldsymbol{r})]$, 由式(2.56)或式(2.57)可得

$$\left(-k^2 + \frac{\omega^2}{c^2} \varepsilon_r \right) \boldsymbol{E} = 0 \tag{2.58}$$

将式(2.45)代入式(2.58)中, 化简后得

$$\omega^2 - k^2 c^2 - \frac{\omega \omega_p^2}{\omega - \mathrm{i}\nu} = 0 \tag{2.59}$$

式中, ω 为电磁波角频率; k 为波数; c 为光速; ω_p 为等离子体频率; ν_c 为碰撞频率。式(2.59)为电磁波在非磁化等离子体中的一般色散关系。

1. 无耗等离子体中电磁参数

当 $\nu = 0$ 时, 由式(2.59)得无耗非磁化等离子体中的电磁波色散关系为

$$\omega^2 = k^2 c^2 + \omega_p^2 \tag{2.60}$$

由相速度定义 $v_p = \omega/k$, 可得

$$v_p^2 = \frac{\omega^2}{k^2} = c^2 + \frac{\omega_p^2}{k^2} > c^2 \tag{2.61}$$

群速度为

$$v_g = \frac{\mathrm{d}\omega}{\mathrm{d}k} = \frac{c^2}{v_p} \tag{2.62}$$

由式(2.61)和式(2.62)可知,此时相速度 $v_p > c$,而群速度 $v_g < c$。由于相速度代表波的常相位总移动速度,所以它可以超过光速;而群速度代表波所携带"信息"在空间的传播快慢,因而群速度需要 $v_g \le c$。

图 2.21 所示是电磁波在无耗非磁化等离子体中的色散关系。随着波数 k 不断增大,即逐渐减小入射电磁波的波长,提高入射电磁波的频率,图 2.21 中的色散关系曲线越来越接近直线 $\omega = ck$,这说明此时电磁波在无耗非磁化等离子体中的波速越来越接近真空中的光速,而传播特性也越来越接近在真空环境下的传播特性,意味着等离子体对高频电磁波的影响越来越小。

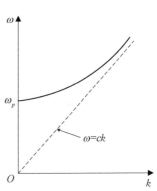

图 2.21　电磁波在无耗非磁化等离子体中的色散关系

当入射波是频率为 ω 的电磁波时,由真空向非均匀等离子体入射,并从电子数密度较小的真空与等离子体的分界面向电子数密度较大的非均匀等离子体内部不断传播时,由于入射电磁波的频率不会改变,根据式(2.43)和式(2.60)可知,ω_p 在不断增大而 k^2 越来越小,即波长越来越长。当非均匀等离子体中电子数密度增大到使 $\omega_p = \omega$ 时,波数 $k = 0$,此时电磁波不能在等离子体中传播,电磁波在等离子体中发生了截止现象,此时的 ω_p 称为截止频率。若 ω_p 继续增大,当 $\omega_p > \omega$ 时,波数

$$k = -\mathrm{i}\,\frac{\omega_p}{c}\left(1 - \frac{\omega^2}{\omega_p^2}\right)^{\frac{1}{2}} \tag{2.63}$$

为纯虚数。式(2.63)说明此时电磁波在等离子体中随空间坐标呈指数衰减。

2. 有耗等离子体电磁参数

当 $\nu \neq 0$ 时,有耗等离子体中电磁波的色散关系即为式(2.59),形式较为复杂。为了便于分析,定义电磁波在非磁化等离子体中的波数以及非磁化等离子体的复折射率分别为

$$\tilde{k} = \beta - \mathrm{i}\alpha \tag{2.64}$$

$$\tilde{n} = n - \mathrm{i}\kappa \tag{2.65}$$

式中,β 为等离子体中电磁波的相位常数,描述电磁波在等离子体中的传播情况;α 为等离子体中电磁波的衰减常数,描述等离子体对电磁波的碰撞吸收;n

为折射率的实部,影响电磁波传播中的相位、波长以及折射角的变化,体现等离子体对电磁波的色散;κ 为折射率的虚部,也称为消光系数,反映出等离子体对电磁波的衰减。根据折射定律,非磁化($\mu_r=1$)等离子体的复折射率为

$$\tilde{n} = \frac{c}{v} = \frac{\tilde{k}}{k_0} = \sqrt{\varepsilon_r} \tag{2.66}$$

式中,v 为电磁波在非磁化等离子体中的波速,$k_0 = \omega/c$ 为真空中波数。将式(2.45)、式(2.63)、式(2.64)和式(2.65)代入式(2.66),可得

$$\beta = \frac{\omega}{c}\sqrt{\frac{\sqrt{(\varepsilon_r')^2 + (\varepsilon_r'')^2} + \varepsilon_r'}{2}} \tag{2.67}$$

$$\alpha = \frac{\omega}{c}\sqrt{\frac{\sqrt{(\varepsilon_r')^2 + (\varepsilon_r'')^2} - \varepsilon_r'}{2}} \tag{2.68}$$

$$n = \sqrt{\frac{\sqrt{(\varepsilon_r')^2 + (\varepsilon_r'')^2} + \varepsilon_r'}{2}} \tag{2.69}$$

$$\kappa = \sqrt{\frac{\sqrt{(\varepsilon_r')^2 + (\varepsilon_r'')^2} - \varepsilon_r'}{2}} \tag{2.70}$$

不难看出,ε_r' 和 ε_r'' 可以改写为 ω_p/ω 和 ν/ω 的函数,即

$$\varepsilon_r'(\omega_p/\omega, \nu/\omega) = 1 - \frac{(\omega_p/\omega)^2}{1 + (\nu/\omega)^2} \tag{2.71}$$

$$\varepsilon_r''(\omega_p/\omega, \nu/\omega) = \frac{\nu}{\omega}\frac{(\omega_p/\omega)^2}{1 + (\nu/\omega)^2} \tag{2.72}$$

根据式(2.68)和式(2.70)可知折射率的实部 n 与虚部 κ 是 ε_r' 和 ε_r'' 的函数,因此也可以进一步看作 ω_p/ω 和 ν/ω 的函数。图2.22和图2.23分别是非磁化等离子体的相对介电常数和折射率随等离子体频率 ω_p、碰撞频率 ν 以及电磁波频率 ω 变化的分布图。其中图2.22(a)和(b)分别描绘非磁化等离子体的相对介电常数的实部 ε_r' 与虚部 ε_r'',图2.23(a)和(b)则分别描绘非磁化等离子体的复折射率的实部 n 与虚部 κ。图2.23中的横坐标 ω_p/ω 取值范围为0~10,纵坐标 ν/ω 取值范围为0~10[86]。

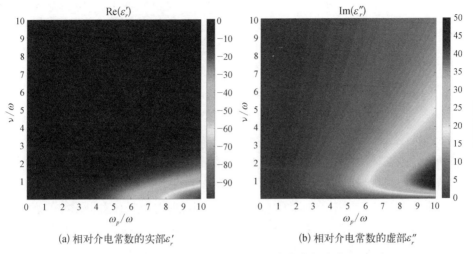

(a) 相对介电常数的实部 ε_r' 　　　　(b) 相对介电常数的虚部 ε_r''

图 2.22　非磁化等离子体的相对介电常数分布图

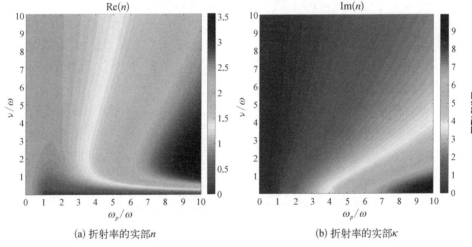

(a) 折射率的实部 n 　　　　(b) 折射率的实部 κ

图 2.23　非磁化等离子体的折射率分布图

如图 2.22(a) 所示,在图 2.22(a) 中 $\nu > \omega_p$ 的区域,非磁化等离子体的相对介电常数的实部 $0 < \varepsilon_r' < 1$。而在 $\nu < \omega_p$ 的区域 $\varepsilon_r' < 0$,并且当给定 ν/ω 时,ε_r' 随 ω_p/ω 的增大而减小;当给定 ω_p/ω 时,ε_r' 随 ν/ω 的增大而增大。从图 2.22(b) 看出,在 $\omega_p/\omega < 1$ 的区域,非磁化等离子体的相对介电常数的虚部 $\varepsilon_r'' \to 0$,说明此时等离子体对电磁波的衰减很小;而在 $\omega_p/\omega > 1$ 的区域,相对介电常数的虚部 $\varepsilon_r'' > 0$ 且随着 ω_p/ω 的增大而增大,说明此时等离子体对电磁波的衰减在增

大。当 ν/ω 较小,特别是 $\nu/\omega \ll 1$ 时,相对介电常数的虚部 $\varepsilon_r'' \to 0$;当 ν/ω 逐渐增大时,对于给定的 ω_p/ω,相对介电常数的虚部 ε_r'' 先增大后减小。

如图 2.23(a)所示,在 $\omega_p/\omega < 1$ 的区域,ν/ω 值越大,非磁化等离子体折射率的实部 n 越趋近于 1,说明等离子体对入射电磁波的相位改变越小;在 $\omega_p/\omega > 1$ 的区域,如果 $\nu/\omega \to 0$,则折射率的实部 $n \to 0$,说明电磁波被等离子体反射,但与无碰撞($\nu = 0$)等离子体不同,由于粒子间碰撞的存在,此时的电磁波依然能进入等离子体一段距离而不会直接在等离子体表面被反射。从图 2.23(a)中可以看出,通常情况下,非磁化等离子体折射率的实部 n 随 ω_p/ω 的增大而增大,而随着 ν/ω 的增大先增大后减小。如图 2.23(b)所示,在 $\omega_p/\omega < 1$ 的区域,非磁化等离子体折射率的虚部 $0 < \kappa < 1$,说明此时等离子体对电磁波的衰减很小。在 $\omega_p/\omega > 1$ 的区域,对于给定的 ν/ω,折射率的虚部 κ 随 ω_p/ω 的增大而增大,说明此时等离子体对电磁波的衰减在增大;而对于给定的 ω_p/ω,折射率的虚部 κ 随 ν/ω 的增大而减小,说明此时等离子体对电磁波的衰减在减小。

电磁波与等离子体的相互作用划分成如图 2.24 所示的若干区域加以总结,图 2.24 中以 ω_p/ω 为横坐标,以 ν/ω 为纵坐标。图 2.24 中各个区域中的等离子体频率 ω_p、碰撞频率 ν 和电磁波频率 ω 三者的大小关系各不相同,因而对电磁波在等离子体中传播特性的影响也各不相同。

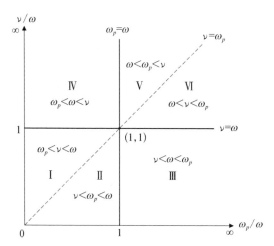

图 2.24 电磁波与等离子体相互作用的若干区域

在区域 I 中,三者之间的一般关系为 $\omega_p < \nu < \omega$。在该区域内,相对介电常数的实部 $0 < \varepsilon_r' < 1$,虚部 $0 < \varepsilon_r'' < 1$,表明此时电磁波在等离子体中可以传播并且衰减较小。特别当 $\nu \ll \omega$ 时,相对介电常数实部 $\varepsilon_r' \to 1$,虚部 $\varepsilon_r'' \to 0$,继而由

式 (2.69) 和式 (2.70) 得折射率的实部 $n \to 1$, 虚部 $\kappa \to 0$。说明在高频条件下, 电磁波在等离子体中的传播与在真空条件下类似, 即等离子体对高频电磁波几乎没有影响。

在区域 II 中, 三者之间的一般关系为 $\nu < \omega_p < \omega$。与区域 I 中的情况相类似, 在该区域内, 相对介电常数的实部 $0 < \varepsilon_r' < 1$, 虚部 $0 < \varepsilon_r'' < 1$, 同样表明此时电磁波在等离子体中可以有衰减地传播并且衰减较小。特别当 $\omega_p \ll \omega$ 时, 相对介电常数实部 $\varepsilon_r' \to 1$, 虚部 $\varepsilon_r'' \to 0$ 以及折射率的实部 $n \to 1$, 虚部 $\kappa \to 0$, 说明等离子体对高频电磁波在其中的传播几乎不产生折射和衰减等影响。

在区域 III 中, 三者之间的一般关系为 $\nu < \omega < \omega_p$。在该区域内, 通常情况下相对介电常数的实部 $\varepsilon_r' < 0$ 且虚部 $\varepsilon_r'' > 0$。特别当 $\nu \ll \omega \ll \omega_p$ 时, 相对介电常数实部 $\varepsilon_r' \to -\infty$ 且虚部 $\varepsilon_r'' \to 0$, 而折射率的实部 $n \to 0$ 且虚部 $\kappa \to \infty$。当 $\nu < \omega \ll \omega_p$ 时, 相对介电常数实部 $\varepsilon_r' \to -\infty$ 且虚部 $\varepsilon_r'' \to \infty$, 而折射率的实部 $n \to \infty$ 且虚部 $\kappa \to \infty$。由此可见, 在区域 III 中, 比较容易出现电磁波无法在等离子体中传播的情况。然而需要注意的是, 虽然在折射率实部 $n \to 0$ 和虚部 $\kappa \to \infty$ 以及折射率实部 $n \to \infty$ 和虚部 $\kappa \to \infty$ 时, 电磁波都无法在等离子体中传播, 但是前者是因为在等离子体中出现波的截止使得电磁波在等离子体表面被反射, 而后者是因为在等离子体中出现波的共振而使得电磁波被吸收衰减。

在区域 IV 中, 三者之间的一般关系为 $\omega_p < \omega < \nu$。与区域 I 和 II 中的情况相类似, 在该区域内, 相对介电常数的实部 $0 < \varepsilon_r' < 1$, 虚部 $0 < \varepsilon_r'' < 1$, 表明此时电磁波可以在等离子体中有衰减地传播。特别当 $\omega \ll \nu$ 时, 则 $\omega_p \ll \nu$ 同时成立, 相对介电常数实部 $\varepsilon_r' \to 1$, 虚部 $\varepsilon_r'' \to 0$ 以及折射率的实部 $n \to 1$, 虚部 $\kappa \to 0$。这说明当等离子体频率 ω_p 小于电磁波频率 ω 并且碰撞频率 ν 远大于入射波频率 ω 时, 碰撞频率越高, 等离子体对传播的电磁波折射越小、衰减越小, 越接近真空中的传播特性。

在区域 V 中, 三者之间的一般关系为 $\omega < \omega_p < \nu$。在该区域内, 相对介电常数的实部 $0 < \varepsilon_r' < 1$, 虚部 $\varepsilon_r'' > 0$, 说明此条件下电磁波可以有衰减地在等离子体中传播。特别当 $\omega \ll \nu$ 且 $\omega_p \ll \nu$ 时, 相对介电常数实部 $\varepsilon_r' \to 1$ 与虚部 $\varepsilon_r'' \to 0$ 以及折射率的实部 $n \to 1$ 与虚部 $\kappa \to 0$, 反映出高碰撞频率下的等离子体对电磁波的衰减更小从而更有利于电磁波在等离子体中的传播, 关于这一点将在下面详细分析。

在区域 VI 中, 三者之间的一般关系为 $\omega < \nu < \omega_p$。在该区域内, 相对介电常数的实部 $\varepsilon_r' < 0$ 和虚部 $\varepsilon_r'' > 0$。特别当 $\omega \ll \omega_p$ 甚至 $\omega < \nu \ll \omega_p$ 时, 相对介电常数实部 $\varepsilon_r' \to -\infty$ 且虚部 $\varepsilon_r'' \to \infty$, 而折射率的实部 $n \to \infty$ 且虚部 $\kappa \to \infty$, 则由区

域Ⅲ的分析可知电磁波在等离子体中发生波的共振而无法传播。

综上而言,在Ⅰ、Ⅱ、Ⅳ和Ⅴ区域内,电磁波可以在等离子体中有衰减地传播;在Ⅲ和Ⅵ区域内,电磁波会因发生波的截止或共振而无法在等离子体中传播,也就是说这两个区域容易产生"黑障"效应。进一步分析,当电磁波入射到等离子体时所出现的反射、折射、吸收衰减和极化等现象[2]主要受等离子体频率ω_p、碰撞频率ν和电磁波频率ω三个基本参数影响。等离子体中的带电粒子在其平衡位置附近以等离子体频率ω_p(通常指等离子体中电子的振荡频率)振荡,ω_p也是电子所能响应振荡的最高频率[89]。碰撞频率ν则是计算电子在碰撞中失去动量时的频率,因此有时称为动量传递碰撞频率,它表示等离子体中的电子受到的碰撞阻尼力。而频率为ω的入射电磁波则对电子起着周期性驱动力的作用,驱动频率为电磁波频率ω。

当电磁波频率ω远小于等离子体中电子的振荡频率ω_p,且电子运动的碰撞阻尼较小(即碰撞频率ν较小),则电子的惯性效应小,电子在入射电磁波频率ω处振荡。振荡电荷产生偶极子辐射,形成前向和后向传播的辐射电磁波。前者由于与入射电磁波不匹配而对入射电磁波产生衰减,后者则以反射波形式出现。这一过程随入射电磁波穿透等离子体而不断重复,造成等离子体对入射电磁波的衰减随等离子体厚度的增加而增大。而增加振荡电子运动的碰撞阻尼,即提高碰撞频率ν_c,会降低前后向辐射波的强度,从而减小等离子体对入射电磁波的反射和衰减。

当电磁波频率ω远大于等离子体中电子的振荡频率ω_p时,电子的惯性效应很大,使得电子只能在电磁波频率ω上微弱振荡,因此,在无碰撞(即碰撞频率$\nu=0$)的情况下,电磁波可以无衰减地在等离子体中传播。而且在无碰撞等离子体中,当入射电磁波频率ω与等离子体中电子振荡频率ω_p完全相等时,振荡电荷产生的正反向波的振幅和相位使得入射波在等离子体表面被完全反射而不会穿透等离子体。但是在有碰撞(即碰撞频率$\nu\neq0$)的情况下,振荡电子运动存在碰撞阻尼,即使入射电磁波频率ω与等离子体中电子振荡频率ω_p完全相等,电磁波依然能够进入等离子体内部一段距离,而且通常碰撞阻尼越大(即碰撞频率ν越高),电磁波受等离子体的衰减反而越小。

从上面的分析不难看出,等离子体对入射电磁波的反射和衰减主要取决于电磁波的频率ω与等离子体中电子的振荡频率ω_p的关系,而等离子体中的离子由于振荡频率一般比入射波频率小得多,所以对电磁波传播的影响很小。另外,值得注意的是,碰撞频率ν_c的存在同样对电磁波与等离子体的相互作用产生重要影响。

第 3 章

高超声速飞行器电磁散射的 FDTD 算法

自 1966 年至今 Yee[29] 提出的 FDTD 算法在计算复杂介质电波传播与电磁散射特性方面被广泛应用。1990 年,Luebbers 等[45] 采用递推卷积法将电位移矢量 *D* 写成电场强度的卷积,并将该卷积离散成可以迭代的求和形式,提出了适用于色散介质(Debye 介质)的 FDTD 算法,将 RC – FDTD 算法推广到等离子体介质[46],以及 *N* 阶色散介质[47]。Hunsberger 等[48] 将 RC – FDTD 算法推广到各向异性磁化等离子体介质。1993 年,Luebbers 等[49] 研究了色散介质的电磁散射问题并应用到三维球体的散射。1995 年,Siushansian 等[50] 采用离散的体形递归卷积(TRC)FDTD 算法改善了计算精度。1996 年,Kelley 等采用电场的分段线性近似改善了 RC – FDTD 算法的计算精度,称为分段线性递归卷积(PLRC)算法[51]。此外,适合色散介质的时域有限差分法还有辅助方程法(ADE – FDTD)[52]、Z 变换 FDTD 法[53]、电流密度卷积(JEC)FDTD 法[54]、Young 氏直接积分 FDTD 法[55] 等。国内学者也在这方面开展了研究工作,主要有分段线性电流密度递归卷积(PLJERC)FDTD 法[56]、移位算子(SO)FDTD 法[57,58] 等。本书给出了基于 FDTD(2,4)的高超声速飞行器等离子体电磁散射算法,即在时间域利用二阶近似,在空间域利用四阶近似,并将这基本的 FDTD(2,4)算法推广到高超声速等离子体色散介质的计算中,提出 SO – FDTD(2,4)与 ADF – FDTD(2,4)算法,在时间离散稳定性和空间网格划分精度两个层面提高了高超声速飞行器等离子体 FDTD 算法的计算精度与效率。

由于计算机资源的限制,为模拟电磁学中开域问题,FDTD 算法的吸收边界条件不断提出并改进。主要包括基于差值技术的 Liao 吸收边界[31]、Mei – Fang 超吸收边界条件[32],以及被广泛采用的 Mur 吸收边界条件[33],这些吸收边界条件通常在 FDTD 计算区域的外边界有 0.5%~5%的反射。1994 年,Berenger 提出了一种全新的场分裂形式的完全匹配层(perfect matched layer,PML)吸收边界[34-36],能够提供比之前各种吸收边界条件低 40 dB 的反射。此后,在此基础上又陆续提出了非分裂格式的 PML 吸收边界条件[37-39]。

通过 FDTD 算法得到近场,基于近场结果推演至远场电磁场分布。FDTD 算法的近-远场变换方法主要分为适用于时谐波入射情况的频域方法和适用于脉冲波入射情况的时域方法。从基本原理而言,能够将其分为三大类:一是直接基于 Huygen's 等效原理[40,41],二是基于 Stratton – Chu 的积分[42],三是基于 Kirchhoff 积分[43,44]。目前,FDTD 算法已被广泛地应用于目标电磁散射、光子晶体、电磁兼容、天线的分析与设计、微波电路的时域分析等不同领域。

3.1　FDTD 算法的基本公式

FDTD 算法是从麦克斯韦方程组出发,通过差分离散得到的一组时域推进公式。麦克斯韦旋度方程[102]为

$$\nabla \times \boldsymbol{H} = \frac{\partial \boldsymbol{D}}{\partial t} + \boldsymbol{J} \tag{3.1}$$

$$\nabla \times \boldsymbol{E} = \frac{\partial \boldsymbol{B}}{\partial t} + \boldsymbol{J}_m \tag{3.2}$$

各向同性线性介质中的本构关系为

$$\boldsymbol{D} = \varepsilon \boldsymbol{E}, \ \boldsymbol{B} = \mu \boldsymbol{H}, \ \boldsymbol{J} = \sigma \boldsymbol{E}, \ \boldsymbol{J}_m = \sigma_m \boldsymbol{H} \tag{3.3}$$

式中,ε 表示介质介电系数;μ 表示磁导系数;σ 表示电导率;σ_m 表示磁导率。

在直角坐标系中,式(3.1)和式(3.2)写为

$$\begin{cases} \dfrac{\partial H_z}{\partial y} - \dfrac{\partial H_y}{\partial z} = \varepsilon \dfrac{\partial E_x}{\partial t} + \sigma E_x \\[2mm] \dfrac{\partial H_x}{\partial z} - \dfrac{\partial H_z}{\partial x} = \varepsilon \dfrac{\partial E_y}{\partial t} + \sigma E_y \\[2mm] \dfrac{\partial H_y}{\partial x} - \dfrac{\partial H_x}{\partial y} = \varepsilon \dfrac{\partial E_z}{\partial t} + \sigma E_z \end{cases} \tag{3.4}$$

以及

$$\begin{cases} \dfrac{\partial E_z}{\partial y} - \dfrac{\partial E_y}{\partial z} = -\mu \dfrac{\partial H_x}{\partial t} - \sigma_m H_x \\[3mm] \dfrac{\partial E_x}{\partial z} - \dfrac{\partial E_z}{\partial x} = -\mu \dfrac{\partial H_y}{\partial t} - \sigma_m H_y \\[3mm] \dfrac{\partial E_y}{\partial x} - \dfrac{\partial E_x}{\partial y} = -\mu \dfrac{\partial H_z}{\partial t} - \sigma_m H_z \end{cases} \tag{3.5}$$

考虑式(3.4)和式(3.5)的 FDTD 差分离散。在 FDTD 离散中电场和磁场各节点的空间排布如图 3.1 所示,这就是著名的 Yee 元胞。从图 3.1 中可以看到: 各个电磁分量配置在 Yee 元胞的特殊位置上;电场分量位于元胞棱边的中心并且平行于棱边,每个电场分量环绕有四个磁场分量;磁场分量位于元胞面中心并且垂直于这个面,每个磁场分量环绕有四个电场分量。在空间取样上,电场和磁场分量在任何方向上始终相差半个网格步长;在时间取样

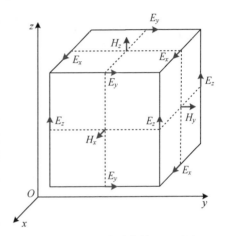

图 3.1　FDTD 离散中的 Yee 元胞

上,磁场分量与电场分量相互错开半个时间步。这种场量配置不仅符合法拉第感应定律和安培环路定律的自然结构,而且也适合麦克斯韦方程的差分计算,能够恰当地描述电磁场的传播特性。

利用一阶中心差分近似和平均值近似,对式(3.4)和式(3.5)离散可得[102,103]

$$E_x^{n+1}(i+1/2,\, j,\, k)$$
$$= \mathrm{CA}(m) \cdot E_x^n(i+1/2,\, j,\, k)$$
$$+ \mathrm{CB}(m) \cdot \left[\frac{H_z^{n+1/2}(i+1/2,\, j+1/2,\, k) - H_z^{n+1/2}(i+1/2,\, j-1/2,\, k)}{\Delta y} \right.$$
$$\left. - \frac{H_y^{n+1/2}(i+1/2,\, j,\, k+1/2) - H_y^{n+1/2}(i+1/2,\, j,\, k-1/2)}{\Delta z} \right] \tag{3.6}$$

$$E_y^{n+1}(i,\, j+1/2,\, k)$$
$$= \mathrm{CA}(m) \cdot E_y^n(i,\, j+1/2,\, k)$$

$$+ \text{CB}(m) \cdot \left[\frac{H_x^{n+1/2}(i, j + 1/2, k + 1/2) - H_x^{n+1/2}(i, j + 1/2, k - 1/2)}{\Delta z} \right.$$

$$\left. - \frac{H_z^{n+1/2}(i + 1/2, j + 1/2, k) - H_z^{n+1/2}(i - 1/2, j + 1/2, k)}{\Delta x} \right] \tag{3.7}$$

$$E_z^{n+1}(i, j, k + 1/2)$$

$$= \text{CA}(m) \cdot E_z^n(i, j, k + 1/2)$$

$$+ \text{CB}(m) \cdot \left[\frac{H_y^{n+1/2}(i + 1/2, j, k + 1/2) - H_y^{n+1/2}(i - 1/2, j, k + 1/2)}{\Delta x} \right.$$

$$\left. - \frac{H_x^{n+1/2}(i, j + 1/2, k + 1/2) - H_x^{n+1/2}(i, j - 1/2, k + 1/2)}{\Delta y} \right] \tag{3.8}$$

式中,

$$\text{CA}(m) = \frac{1 - \dfrac{\sigma(m)\Delta t}{2\varepsilon(m)}}{1 + \dfrac{\sigma(m)\Delta t}{2\varepsilon(m)}} \tag{3.9}$$

$$\text{CB}(m) = \frac{\dfrac{\Delta t}{\varepsilon(m)}}{1 + \dfrac{\sigma(m)\Delta t}{2\varepsilon(m)}} \tag{3.10}$$

以及

$$H_x^{n+1/2}(i, j + 1/2, k + 1/2)$$

$$= \text{CP}(m) \cdot H_x^{n-1/2}(i, j + 1/2, k + 1/2)$$

$$- \text{CQ}(m) \cdot \left[\frac{E_z^n(i, j + 1, k + 1/2) - E_z^n(i, j, k + 1/2)}{\Delta y} \right.$$

$$\left. - \frac{E_y^n(i, j + 1/2, k + 1) - E_y^n(i, j + 1/2, k)}{\Delta z} \right] \tag{3.11}$$

$$H_y^{n+1/2}(i + 1/2, j, k + 1/2)$$

$$= \text{CP}(m) \cdot H_y^{n-1/2}(i + 1/2, j, k + 1/2)$$

$$- \text{CQ}(m) \cdot \left[\frac{E_x^n(i + 1/2, j, k + 1) - E_x^n(i + 1/2, j, k)}{\Delta z} \right.$$

$$-\frac{E_z^n(i+1,j,k+1/2)-E_z^n(i,j,k+1/2)}{\Delta x}\Bigg] \tag{3.12}$$

$$\begin{aligned}
&H_z^{n+1/2}(i+1/2,j+1/2,k)\\
&=\mathrm{CP}(m)\cdot H_z^{n-1/2}(i+1/2,j+1/2,k)\\
&\quad-\mathrm{CQ}(m)\cdot\Bigg[\frac{E_y^n(i+1,j+1/2,k)-E_y^n(i,j+1/2,k)}{\Delta x}
\end{aligned}$$

$$-\frac{E_x^n(i+1/2,j+1,k)-E_x^n(i+1/2,j,k)}{\Delta y}\Bigg] \tag{3.13}$$

式中,

$$\mathrm{CP}(m)=\frac{1-\dfrac{\sigma_m(m)\Delta t}{2\mu(m)}}{1+\dfrac{\sigma_m(m)\Delta t}{2\mu(m)}} \tag{3.14}$$

$$\mathrm{CQ}(m)=\frac{\dfrac{\Delta t}{\mu(m)}}{1+\dfrac{\sigma_m(m)\Delta t}{2\mu(m)}} \tag{3.15}$$

式(3.6)~式(3.15)中标号 m 为场分量的离散坐标,与各式中左端场分量的坐标相同。依据这些三维差分方程组可得出电磁场的时域推进计算方法,二维情况可仿此得出 TE、TM 波相应的差分公式,这里不再一一赘述。

3.1.1 激励源

用 FDTD 算法分析问题时一个重要的任务是对激励源的模拟,即选择合适的入射波形式以及用适当的方法将入射波加入 FDTD 迭代中。从源随时间变化看有两类激励源:一类是随时间周期变化的时谐场源,另一类是对时间呈脉冲函数的波源。从空间分布来看,有面源、线源、点源以及具有一定形状的波束激励源等。从设置的方式讲,有初始条件、硬源、软源、总场/散射场方法。下面介绍本书所涉及的激励源。

1. 波源信号形式

这里介绍两种常用的波源信号形式:时谐场源与调制高斯脉冲源。

时谐场源的时域表达形式为

$$E_i(t) = E_0 \sin(\omega t), \ t \geqslant 0 \tag{3.16}$$

为了缩短稳态建立时间,减小冲击效应,可以在加入时谐场时引入开关函数,如余弦函数。调制高斯脉冲的时域形式为

$$E_i(t) = -\cos(\omega t)\exp\left[-4\pi(t - t_0)^2/\tau^2\right] \tag{3.17}$$

式(3.17)右边第一项为载波表达式,中心频率为 $f_0 = \omega/2\pi$;第二项为高斯函数形式,τ 为常数,决定了脉冲的宽度,t_0 通常取载波的 2.25 个周期,图 3.2(a)给出了调制高斯脉冲的时域波形。调制高斯脉冲的频谱为

$$E_i(f) = \frac{\tau}{4}\exp\left[-\pi(f - f_0)^2\tau^2/4\right]\exp\left[-\mathrm{j}2\pi(f - f_0)t_0\right]$$
$$+ \frac{\tau}{4}\exp\left[-\pi(f + f_0)^2\tau^2/4\right]\exp\left[-\mathrm{j}2\pi(f + f_0)t_0\right] \tag{3.18}$$

由式(3.18)可见,调制高斯脉冲的频谱与高斯脉冲的频谱相比向零频率点两侧移动了 f_0,图 3.2(b)给出了大于零的频谱。

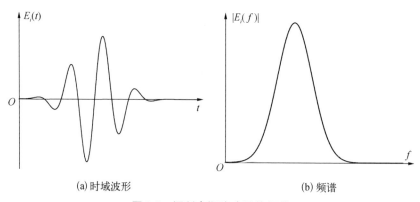

(a) 时域波形   (b) 频谱

图 3.2　调制高斯脉冲及其频谱

2. 平面波源

在 FDTD 计算中通常是利用总场散射场连接边界条件加入入射平面波。将 FDTD 的计算区域划分为总场区和散射场区,在总场区内既有入射波又有散射波,且包含了所有散射体;散射场区只有散射波,没有入射波。依据等效原理,通过在总场-散射场区的分界面上设置入射波电磁场的切向分量便可将入射波只引入到总场区。无论在总场区内部或散射场区内部,FDTD 计算公式都不变。需要特殊处理的是总场-散射场边界处的计算式。

下面以二维 TM 波 $y = j_0 \Delta y$ 总场边界为例加以说明,如图 3.3 所示。注意到:
① $H_y^{n+1/2}(i - 1/2, j_0)$ 属于总场,计算时涉及的 E_z 节点均为总场,因而计算公式
不变; ② $H_x^{n+1/2}(i, j_0 - 1/2)$ 属于散射场,但计算时涉及的两个 E_z 节点分别为总
场及散射场,应在总场节点扣除入射波值; ③ $E_z^{n+1/2}(i, j_0)$ 属于总场,计算时所涉
及的四个 H_x 节点中有一个属于散射场,其余三个在总场区,应在散射场节点加
上入射波值。FDTD 的公式需要改写为

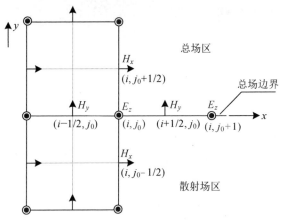

图 3.3 总场-散射连接边界

$$H_x^{n+1/2}(i, j_0 - 1/2) = H_x^{n-1/2}(i, j_0 - 1/2) - \frac{\Delta t}{\mu}\left[\frac{E_z^n(i, j_0) - E_z^n(i, j_0 - 1)}{\Delta y}\right]$$

$$+ \frac{\Delta t}{\mu}\frac{E_{z, i}^n(i, j_0)}{\Delta y} \tag{3.19}$$

$$H_y^{n+1/2}(i - 1/2, j_0) = H_y^{n-1/2}(i - 1/2, j_0) + \frac{\Delta t}{\mu}\left[\frac{E_z^n(i, j_0) - E_z^n(i - 1, j_0)}{\Delta x}\right] \tag{3.20}$$

$$E_z^{n+1}(i, j_0) = E_z^{n+1}(i, j_0) + \frac{\Delta t}{\varepsilon}\left[\frac{H_y^{n+1/2}(i + 1/2, j_0) - H_y^{n+1/2}(i - 1/2, j_0)}{\Delta x}\right.$$

$$\left. - \frac{H_x^{n+1/2}(i, j_0 + 1/2) - H_x^{n+1/2}(i, j_0 - 1/2)}{\Delta y}\right]$$

$$+ \frac{\Delta t}{\varepsilon}\frac{H_{x, i}^{n+1/2}(i, j_0 - 1/2)}{\Delta y} \tag{3.21}$$

式中,$E_{z,i}$ 和 $H_{x,i}$ 为入射波电场和磁场,入射波可采用独立的一维 FDTD 随时间逐步推进来产生。其他几个总场-散射场连接边界可做类似处理。图 3.4 给出了平面波在自由空间传播的 FDTD 算法仿真结果。

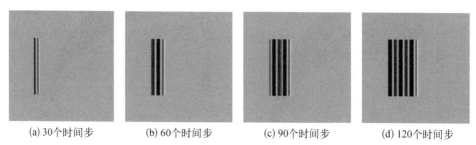

(a) 30个时间步   (b) 60个时间步   (c) 90个时间步   (d) 120个时间步

图 3.4   平面波在自由空间传播的 FDTD 算法仿真结果

3.1.2   吸收边界条件

为了模拟开域电磁过程,在计算区域的截断边界处必须给出吸收边界条件。目前应用最广泛的吸收边界条件有 Mur 吸收边界[33]、Mei-Fang 超吸收边界[104,105]、Berenger 完全匹配层吸收边界[34]、单轴各向异性介质完全匹配层吸收边界[38]。

Mur 吸收边界是一种基于单向行波方程的吸收边界算法,在入射角大于 85° 时,残留的反射波与入射波之比为 71% 以上,引入的反射误差已不能满足工程的需要。

传统的吸收边界只在边界上对电场或磁场进行特殊处理,而不同时计算二者。为了提高精度,Fang 和 Mei 第一次提出了超吸收边界的概念。在超吸收边界中电场和磁场同时参与计算,以便减少计算电磁场时所产生的非物理因素引起的反射,从而改善原吸收边界的性能,故而称作超吸收边界。超吸收边界自身并不是一个吸收边界条件,而是建立在其他吸收边界基础上的、通过一种误差抵消过程改善局部吸收边界条件的方法。

完全匹配层首先由 Berenger 于 1994 年提出,它将电磁场分量在吸收边界区域分裂,并对各个场分量赋以不同的损耗,这样就能在 FDTD 网格边界得到一种非物理的吸收媒质,该层媒质的波阻抗与相邻介质波阻抗完全匹配,因而入射波将能无反射地穿过分界面进入完全匹配层。但是这种基于场量分裂的完全匹配层和麦克斯韦方程组的形式不一致,且编程过于繁杂,不利于实现程序的并行化。

　　Sacks 和 Gedney 提出了单轴各向异性介质完全匹配层(uniaxial perfectly matched layer, UPML)理论。通过适当地选择各向异性介质的本构参数也可以形成完全匹配层。与 Berenger 提出的 PML 不同,在各向异性介质中,波方程仍为麦克斯韦方程。UPML 在 FDTD 计算中常用作高有耗介质或有隐失波时的吸收边界。

　　这里采用 UPML 和 PML 吸收边界条件,这是由于在上述几种吸收边界条件中,UPML 和 PML 的吸收效果较好。下面就详细讨论一下这几种吸收边界的反射误差。

　　为了衡量吸收边界吸收性能的好坏,引入全域误差的概念。以二维 TM 波情况为例,设待测试计算空间大小为 $N_x \times N_y$,另计算一个足够大的参考空间,以保证在所要计算的时间步数内没有波传播到计算区域边界,即无反射波;分别将测试空间和参考空间内的电场记为 $E_t^n(i, j)$ 和 $E_s^n(i, j)$。任意节点 (i, j) 任意时间步 n 的反射误差(reflection error)[104,105]为

$$\mathrm{RE}^n(i, j) = E_t^n(i, j) - E_s^n(i, j) \tag{3.22}$$

全域误差(norm of the error)[106]定义为

$$\mathrm{NE}(n) = \sqrt{\sum_{i=2}^{N_x-1} \sum_{j=2}^{N_y-1} \left[\mathrm{RE}^n(i, j) \right]^2} \tag{3.23}$$

　　利用此定义对几种吸收边界的误差作了计算。图 3.5 计算了三种一维吸收边界:Mur 吸收边界、超吸收边界和 UPML 吸收边界。图 3.5(a)是面源正弦时谐场激励,图 3.5(b)是面源高斯脉冲激励,计算区域均为 401 个网格,从图 3.5

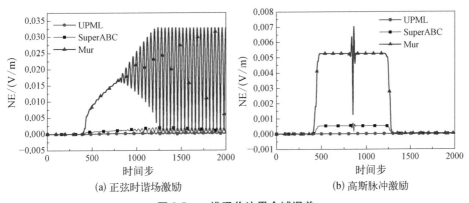

(a) 正弦时谐场激励　　　　　　(b) 高斯脉冲激励

图 3.5　一维吸收边界全域误差

中可以看出:建立在 Mur 吸收边界基础上的超吸收边界的全域误差远远小于 Mur 吸收边界,但 UPML 的吸收边界又优于超吸收边界。

　　图 3.6 计算了三种二维吸收边界:Mur 吸收边界、PML 吸收边界和 UPML 吸收边界。图 3.6(a)是线源正弦时谐场激励,图 3.6(b)是线源高斯脉冲激励,计算区域均为 41×41 个网格,从图 3.6 中可以得出如下的结论:PML 吸收边界和 UPML 吸收边界的吸收效果远远好于 Mur 吸收边界,但从计算的数据上看,UPML 的全域误差要略小于 PML 吸收边界。

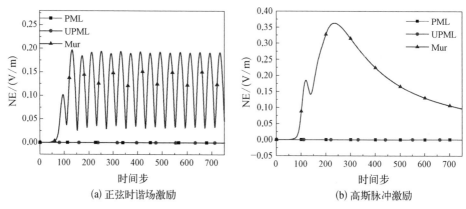

(a) 正弦时谐场激励　　　　　　　　　(b) 高斯脉冲激励

图 3.6　二维吸收边界全域误差

　　图 3.7 计算了两种三维吸收边界:Mur 吸收边界和 UPML 吸收边界。图 3.7(a)是点源正弦时谐场激励,图 3.7(b)是点源高斯脉冲激励,计算区域均为 41×41×41 个网格,从图 3.7 中可以得到类似于一维、二维情况下的结果:UPML 吸收边界的吸收效果远远优于 Mur 吸收边界。

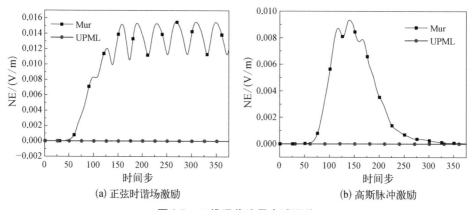

(a) 正弦时谐场激励　　　　　　　　　(b) 高斯脉冲激励

图 3.7　三维吸收边界全域误差

通过上述对几种吸收边界全域误差的对比,可以发现 UPML 和 PML 吸收边界引入的反射误差非常小,吸收效果相当好。这也是本书选择 UPML 和 PML 吸收边界的主要原因。

3.1.3　近-远场变换

由于 FDTD 算法只能计算空间有限区域的电磁场,要获得计算区域以外的散射或辐射场就必须根据等效原理在计算区域内作一个封闭面,如图 3.8 所示的输出边界,然后由这个面上的等效电磁流的辐射场来代替。

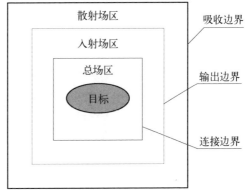

图 3.8　输出边界示意图

以三维情形为例,给出时谐场的外推公式:

$$E_\theta = - \mathrm{j}k \frac{\exp(-\mathrm{j}kr)}{4\pi r} \big[Z(f_x\cos\theta\cos\varphi + f_y\cos\theta\sin\varphi - f_z\sin\theta)$$
$$+ (-f_{mx}\sin\varphi + f_{my}\cos\varphi) \big] \tag{3.24}$$

$$E_\varphi = \mathrm{j}k \frac{\exp(-\mathrm{j}kr)}{4\pi r} \big[Z(f_x\sin\varphi - f_y\cos\varphi)$$
$$+ (f_{mx}\cos\theta\cos\varphi + f_{my}\cos\theta\sin\varphi - f_{mz}\sin\theta) \big] \tag{3.25}$$

关键是求解式(3.24)和式(3.25)中的电流矩和磁流矩。采用双界面积分方式,即对电磁场切向分量分别沿图 3.9 所示的 A 和 A_H 界面积分。

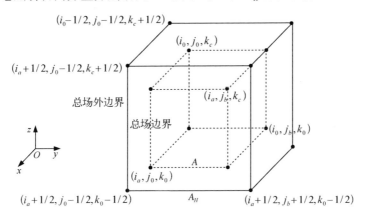

图 3.9　双回路积分方式外推远场

以 f_z 和 f_{mz} 为例给出计算电流矩和磁流矩的公式:

$$f_z(\theta, \varphi) = \int_{A_H} J_z(\boldsymbol{r}') \exp[j\tilde{k}(x'\sin\theta\cos\varphi + y'\sin\theta\sin\varphi + z'\cos\theta)]\,ds'$$

$$= \Delta y\Delta z \sum_{j=j_0}^{j_b} \sum_{k=k_0-1}^{k_c} a_k \{ -H_y(i_0 - 1/2, j, k + 1/2)\exp[j\tilde{k}(i_0 - 1/2)\Delta x\sin\theta\cos\varphi]$$

$$+ H_y(i_a + 1/2, j, k + 1/2)\exp[j\tilde{k}(i_a + 1/2)\Delta x\sin\theta\cos\varphi]\}$$

$$\times \exp[j\tilde{k}j\Delta y\sin\theta\sin\varphi + j\tilde{k}(k + 1/2)\Delta z\cos\theta]$$

$$+ \Delta x\Delta z \sum_{i=i_0}^{i_a} \sum_{k=k_0-1}^{k_c} a_k \{ H_x(i, j_0 - 1/2, k + 1/2)\exp[j\tilde{k}(j_0 - 1/2)\Delta y\sin\theta\sin\varphi]$$

$$- H_x(i, j_b + 1/2, k + 1/2)\exp[j\tilde{k}(j_b + 1/2)\Delta y\sin\theta\sin\varphi]\}$$

$$\times \exp[j\tilde{k}i\Delta x\sin\theta\cos\varphi + j\tilde{k}(k + 1/2)\Delta z\cos\theta] \tag{3.26}$$

$$f_{mz}(\theta, \varphi) = \int_A J_{mz}(\boldsymbol{r}') \exp[j\tilde{k}(x'\sin\theta\cos\varphi + y'\sin\theta\sin\varphi + z'\cos\theta)]\,ds'$$

$$= \Delta y\Delta z \sum_{j=j_0}^{j_b-1} \sum_{k=k_0}^{k_c} a_k \{ E_y(i_0, j + 1/2, k)\exp(j\tilde{k}i_0\Delta x\sin\theta\cos\varphi)$$

$$- E_y(i_a, j + 1/2, k)\exp(j\tilde{k}i_a\Delta x\sin\theta\cos\varphi)\}$$

$$\times \exp[j\tilde{k}(j + 1/2)\Delta y\sin\theta\sin\varphi + j\tilde{k}k\Delta z\cos\theta]$$

$$+ \Delta x\Delta z \sum_{i=i_0}^{i_a-1} \sum_{k=k_0}^{k_c} a_k \{ -E_x(i + 1/2, j_0, k)\exp(j\tilde{k}j_0\Delta y\sin\theta\sin\varphi)$$

$$+ E_x(i + 1/2, j_b, k)\exp(j\tilde{k}j_b\Delta y\sin\theta\sin\varphi)\}$$

$$\times \exp[j\tilde{k}(i + 1/2)\Delta x\sin\theta\cos\varphi + j\tilde{k}k\Delta z\cos\theta] \tag{3.27}$$

介质电极化与物质结构密切相关。在外电场作用下电极化的三个基本微观过程为① 原子核外电子云的畸变极化;② 分子中正负电中心的相对位移极化;③ 分子固有磁矩的转向极化。介质的介电系数为综合这几个微观过程的宏观物理量。表征色散介质电极化的频域模型主要有 Drude 模型、Debye 模型以及 Lorentz 模型。等离子体与电磁超材料的介电系数均可以用 Drude 模型表示,本书主要考虑 Drude 模型,即

$$\varepsilon_r^{\text{Drude}}(\omega) = 1 + \chi(\omega) = 1 - \frac{\omega_p^2}{\omega(\omega - j\nu)} \tag{3.28}$$

式中,ω_p 为等离子体频率;ν 为碰撞频率。

3.1.4　等离子体 FDTD 算法

1. SO – FDTD 算法

Drude 模型介电系数的表达式(3.28)可以表示为如下有理分式:

$$\varepsilon_r^{\mathrm{Drude}}(\omega) = 1 - \frac{\omega_p^2}{\omega(\omega - \mathrm{j}\nu)} = \frac{\sum_{n=0}^{N} p_n (\mathrm{j}\omega)^n}{\sum_{n=0}^{M} q_n (\mathrm{j}\omega)^n} \tag{3.29}$$

式中, $M = N = 2$, p_n, q_n 为有理分式分子和分母的多项式系数。

根据频域到时域的转换关系 $\mathrm{j}\omega \to \partial/\partial t$, 频域本构关系式在时域可以表示为

$$D(t) = \varepsilon_0 \varepsilon_r^{\mathrm{Drude}}(\partial/\partial t) E(t) \tag{3.30}$$

式中, $\varepsilon_r^{\mathrm{Drude}}(\partial/\partial t)$ 为时域形式的介电系数

$$\varepsilon_r^{\mathrm{Drude}}(\partial/\partial t) = \frac{\sum_{n=0}^{N} p_n (\partial/\partial t)^n}{\sum_{n=0}^{M} q_n (\partial/\partial t)^n} \tag{3.31}$$

将式(3.31)代入式(3.30)可以得到

$$\Big[\sum_{l=0}^{M} q_l (\partial/\partial t)^l \Big] D(t) = \varepsilon_0 \Big[\sum_{l=0}^{N} p_l (\partial/\partial t)^l \Big] E(t) \tag{3.32}$$

式(3.32)为时域中包含时间导数的本构关系。

下面考虑时间导数在时域中的离散形式。设函数

$$y(t) = \partial f(t)/\partial t \tag{3.33}$$

在 $(n + 0.5)\Delta t$ 时刻的中心差分近似为

$$\frac{y^{n+1} - y^n}{2} = \frac{f^{n+1} - f^n}{\Delta t} \tag{3.34}$$

引入在时域中的移位算子 z_t

$$z_t f^n = f^{n+1} \tag{3.35}$$

得到

$$y^n = \frac{2}{\Delta t} \frac{z_t - 1}{z_t + 1} f^n \tag{3.36}$$

$$\frac{\partial}{\partial t} \rightarrow \frac{2}{\Delta t} \cdot \frac{z_t - 1}{z_t + 1} \tag{3.37}$$

同时,可以通过归纳法证明,对于高阶导数同样具有

$$\left(\frac{\partial}{\partial t}\right)^l \rightarrow \left(\frac{2}{\Delta t} \cdot \frac{z_t - 1}{z_t + 1}\right)^l \tag{3.38}$$

整理后可以得到以下时域离散形式

$$\left[\sum_{l=0}^{M} q_l \left(\frac{2}{\Delta t} \cdot \frac{z_t - 1}{z_t + 1}\right)^l\right] D^n = \varepsilon_0 \left[\sum_{l=0}^{N} p_l \left(\cdot \frac{z_t - 1}{z_t + 1}\right)^l\right] E^n \tag{3.39}$$

最后,根据移位算子作用的结果 $z_t^k D^n \rightarrow z_t^{k-1} D^{n+1} \rightarrow D^{n+k}$ 得到

$$E^{n+1} = \frac{1}{b_0}\left[\sum_{l=0}^{2} \frac{a_l}{\varepsilon_0} D^{n+1-l} - \sum_{l=1}^{2} b_l E^{n+1-l}\right] \tag{3.40}$$

式中,

$$\begin{cases} a_0 = q_0 + q_1\left(\frac{2}{\Delta t}\right) + q_2\left(\frac{2}{\Delta t}\right)^2 \\ a_1 = 2q_0 - 2q_2\left(\frac{2}{\Delta t}\right)^2 \\ a_2 = q_0 - q_1\left(\frac{2}{\Delta t}\right) + q_2\left(\frac{2}{\Delta t}\right)^2 \end{cases} \tag{3.41}$$

$$\begin{cases} b_0 = p_0 + p_1\left(\frac{2}{\Delta t}\right) + p_2\left(\frac{2}{\Delta t}\right)^2 \\ b_1 = 2p_0 - 2p_2\left(\frac{2}{\Delta t}\right)^2 \\ b_2 = p_0 - p_1\left(\frac{2}{\Delta t}\right) + p_2\left(\frac{2}{\Delta t}\right)^2 \end{cases} \tag{3.42}$$

$$p_0 = \omega_p^2, \ p_1 = \gamma, \ p_2 = 1 \tag{3.43}$$

$$q_0 = 0, \ q_1 = \gamma, \ q_2 = 1 \tag{3.44}$$

至此,可以得到 SO‐FDTD 算法由 $D \rightarrow E$ 的迭代公式。磁场迭代公式与常规 FDTD 算法一致。

2. PLRC‐FDTD 算法

对于 Drude 模型,电场本构关系在频域具有如下形式:

$$D(\omega) = \varepsilon_0 \varepsilon_r^{\text{Drude}}(\omega) E(\omega) = \varepsilon_0 [1 + \chi(\omega)] E(\omega) \tag{3.45}$$

式中,ε_0 为真空中介电系数。

根据傅里叶变换理论,两个函数在频率的乘积在傅里叶变换后成为这两个函数在时域的卷积,式(3.45)的时域形式为

$$D(t) = \varepsilon_0 E(t) + \varepsilon_0 \int_0^t E(t - \tau) \chi(\tau) d\tau \tag{3.46}$$

对其进行时域离散,可以得到

$$D(n\Delta t) = \varepsilon_0 E(n\Delta t) + \varepsilon_0 \int_0^{n\Delta t} E(n\Delta t - \tau) \chi(\tau) d\tau \tag{3.47}$$

为提高计算精度,假设电场 E 为时间 t 的线性函数,在给定的时间间隔 $(i\Delta t, (i + 1)\Delta t)$ 中,电场 E 可以表示为

$$E(t) = E^i + \frac{E^{i+1} - E^i}{\Delta t}(t - i\Delta t) \tag{3.48}$$

称为分段线性近似。将式(3.48)代入式(3.49)中的卷积积分,可以得到如下形式:

$$\begin{aligned} D(n\Delta t) &= \varepsilon_0 E(n\Delta t) + \varepsilon_0 \int_0^{n\Delta t} E(n\Delta t - \tau) \chi(\tau) d\tau \\ &= \varepsilon_0 E(n\Delta t) + \varepsilon_0 \sum_m^{n-1} \int_{m\Delta t}^{(m+1)\Delta t} E(n\Delta t - \tau) \chi(\tau) d\tau \end{aligned} \tag{3.49}$$

式中, $E(n\Delta t - \tau)$ 按照式(3.48)近似可以得到

$$E(n\Delta t - \tau) = E^{n-m} + \frac{E^{n-m-1} - E^{n-m}}{\Delta t}(\tau - m\Delta t) \tag{3.50}$$

将其代入式(3.49)并完成积分之后,可以得到

$$D^n = \varepsilon_0 E^n + \varepsilon_0 \sum_{m=0}^{n-1} [E^{n-m} \chi_m + (E^{n-m-1} - E^{n-m}) \xi_m] \tag{3.51}$$

式中,

$$\chi_m = \int_{m\Delta t}^{(m+1)\Delta t} \chi(\tau) d\tau \tag{3.52}$$

$$\xi_m = \frac{1}{\Delta t} \int_{m\Delta t}^{(m+1)\Delta t} (\tau - m\Delta t) \chi(\tau) \, \mathrm{d}\tau \tag{3.53}$$

同理可得

$$
\begin{aligned}
D^{n+1} &= \varepsilon_0 E^{n+1} + \varepsilon_0 \sum_{m=0}^{n} \left[E^{n+1-m}\chi_m + (E^{n-m} - E^{n+1-m})\xi_m \right] \\
&= \varepsilon_0 E^{n+1} + \varepsilon_0 E^{n+1}\chi_0 + \varepsilon_0 (E^n - E^{n+1})\xi_0 \\
&\quad + \varepsilon_0 \sum_{m=1}^{n} \left[E^{n+1-m}\chi_m + (E^{n-m} - E^{n+1-m})\xi_m \right] \\
&= \varepsilon_0 (1 + \chi_0 - \xi_0)E^{n+1} + \varepsilon_0 \xi_0 E^n + \varepsilon_0 \sum_{m=0}^{n-1} \left[E^{n-m}\chi_m + (E^{n-m-1} - E^{n-m})\xi_m \right]
\end{aligned}
\tag{3.54}
$$

可以得到

$$
\begin{aligned}
D^{n+1} - D^n &= \varepsilon_0 (1 + \chi_0 - \xi_0)E^{n+1} + \varepsilon_0 (\xi_0 - 1)E^n \\
&\quad + \varepsilon_0 \sum_{m=0}^{n-1} \left[E^{n-m}(\chi_m - \chi_{m+1}) + (E^{n-m-1} - E^{n-m})(\xi_{m+1} - \xi_m) \right]
\end{aligned}
\tag{3.55}
$$

令

$$\Delta \chi_m = \chi_m - \chi_{m+1} \tag{3.56}$$

$$\Delta \xi_m = \xi_m - \xi_{m+1} \tag{3.57}$$

经过运算可以得到

$$
\begin{aligned}
E^{n+1} &= \frac{1 - \xi_0}{1 + \chi_0 - \xi_0}E^n + \frac{1}{1 + \chi_0 - \xi_0}\sum_{m=0}^{n-1} \left[E^{n-m}\Delta\chi_m + (E^{n-m-1} - E^{n-m})\Delta\xi_m \right] \\
&\quad + \frac{1}{\varepsilon_0(1 + \chi_0 - \xi_0)}(D^{n+1} - D^n)
\end{aligned}
\tag{3.58}
$$

式(3.58)可以看出,完成 $D \rightarrow E$ 的求解过程需要电场 E 以往全部时间步的值。为克服该问题,引入辅助变量

$$\Psi^n = \sum_{m=0}^{n-1} \left[E^{n-m}\Delta\chi_m + (E^{n-m-1} - E^{n-m})\Delta\xi_m \right] \tag{3.59}$$

$$E^{n+1} = \frac{1 - \xi_0}{1 + \chi_0 - \xi_0}E^n + \frac{1}{1 + \chi_0 - \xi_0}\Psi^n + \frac{1}{\varepsilon_0(1 + \chi_0 - \xi_0)}(D^{n+1} - D^n)$$

$$= \frac{1 - \xi_0}{1 + \chi_0 - \xi_0} E^n + \frac{1}{1 + \chi_0 - \xi_0} \Psi^n + \frac{\Delta t}{\varepsilon_0 (1 + \chi_0 - \xi_0)} (\nabla \times \boldsymbol{H}) \qquad (3.60)$$

对于具有单个极点的 Drude 介质,其时域极化率可以表示为

$$\chi(t) = \frac{\omega_p^2}{\nu} [1 - \exp(-\nu t)] U(t) \qquad (3.61)$$

完成积分运算,可以得到

$$\chi_m = \frac{\omega_p^2}{\nu} \Delta t - \frac{\omega_p^2}{\nu} [1 - \exp(-\nu \Delta t)] \exp(-m\nu \Delta t) \qquad (3.62)$$

$$\xi_m = \frac{\omega_p^2 \Delta t}{2\nu} + \frac{\omega_p^2}{\nu^3 \Delta t} [1 - (1 + \nu \Delta t) \exp(-\nu \Delta t)] \exp(-m\nu \Delta t) \qquad (3.63)$$

同时可以得到以下表达式

$$\Delta \chi_{m+1} = \exp(-\nu \Delta t) \Delta \chi_m \qquad (3.64)$$

$$\Delta \xi_{m+1} = \exp(-\nu \Delta t) \Delta \xi_m \qquad (3.65)$$

此外,Ψ^n 同样具有递归特性,其表达式为

$$\Psi^n = [E^n (\Delta \chi_0 - \Delta \xi_0) + E^{n-1} \Delta \xi_0] + \Psi^{n-1} \exp(-\nu \Delta t) \qquad (3.66)$$

至此,可以得到 PLRC - FDTD 算法由 $D \to E$ 的迭代公式。磁场迭代公式与常规 FDTD 算法一致。

3.1.5　FDTD 算法数值色散特性

由于 FDTD 算法在时间与空间上采用差分近似,从而在求解麦克斯韦方程组的过程中产生数值色散误差。当离散后的差分麦克斯韦方程组的解是收敛并且稳定时,FDTD 算法的结果才有意义。收敛性是指当离散间隔趋于零时,差分方程的解在时间和空间上任意一点都一致趋于方程组的精确解;稳定性是指离散间隔所满足的条件,在该条件下差分方程的数值解与原方程的解析解之间的差为有界。传统 FDTD 算法的稳定性条件为

$$c\Delta t \leqslant \frac{1}{\sqrt{\dfrac{1}{(\Delta x)^2} + \dfrac{1}{(\Delta y)^2} + \dfrac{1}{(\Delta z)^2}}} \qquad (3.67)$$

式中，$c = 1/\sqrt{\varepsilon\mu}$ 为电磁波在介质中的传播速度。

在 Yee 网格空间中，电磁波的传播速度随着其波长而改变，该色散现象并非由介质的物理特性引起，而是由于数值计算中的差分近似所致，即数值色散误差。常规 FDTD 算法在自由空间中的数值色散误差的一般关系为

$$\frac{\sin^2\left(\dfrac{\tilde{k}_x \Delta x}{2}\right)}{\left(\dfrac{\Delta x}{2}\right)^2} + \frac{\sin^2\left(\dfrac{\tilde{k}_y \Delta y}{2}\right)}{\left(\dfrac{\Delta y}{2}\right)^2} + \frac{\sin^2\left(\dfrac{\tilde{k}_z \Delta z}{2}\right)}{\left(\dfrac{\Delta z}{2}\right)^2} - \frac{1}{c^2}\frac{\sin^2\left(\dfrac{\omega t}{2}\right)}{\left(\dfrac{\Delta t}{2}\right)^2} = 0 \quad (3.68)$$

式中，$\tilde{k}_x = \tilde{k}\sin\theta\cos\varphi$，$\tilde{k}_y = \tilde{k}\sin\theta\sin\varphi$，$\tilde{k}_z = \tilde{k}\cos\theta$ 分别为 x、y、z 方向的数值波数。

为便于分析数值色散特性，考虑二维 TM 波情况，并假设 $\Delta x = \Delta y = \Delta$，以及电磁波传播方向与 x 轴夹角为 α（$\tilde{k}_x = \tilde{k}\cos\alpha$，$\tilde{k}_y = \tilde{k}\sin\alpha$），式（3.68）有以下形式

$$\left(\frac{\Delta}{c\Delta t}\right)^2 \sin^2\left(\frac{\omega \Delta t}{2}\right) = \sin^2\left(\frac{\Delta \cdot \tilde{k}\cos\alpha}{2}\right) + \sin^2\left(\frac{\Delta \cdot \tilde{k}\sin\alpha}{2}\right) \quad (3.69)$$

通过 Newton 迭代法求解超越方程式（3.69），可得到数值色散曲线和数值各向异性曲线，分别如图 3.10 和图 3.11 所示。从图 3.10 中可以看出，在空间步长 δ 一定的情况下，相速度随波长的减小而减小；在 $\lambda > 12\Delta$ 即满足式（3.69）的条件时，相速度 v_ϕ 已接近真空中的光速（$>0.988c$），数值色散已得到了有效的抑

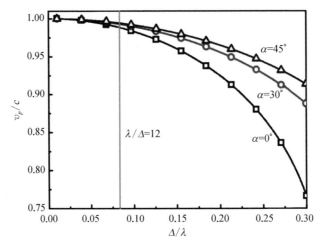

图 3.10　FDTD 算法中的数值色散

制。从图 3.11 可以看出各个方向上的相速度不同,由差分引起了数值各向异性,且以 45°(或 135°、225°、315°)角入射时,相速度最大,数值色散最小;随着每波长元胞数 λ/Δ 的增加,数值各向异性的影响越来越弱;当 $\lambda/\Delta > 12$ 时,由数值各向异性带来的影响可以忽略。在 FDTD 的数值计算中,稳定性、色散性、各向异性将影响到计算的精度,遵循前面所述的选择判据将会减少计算中的误差[107]。

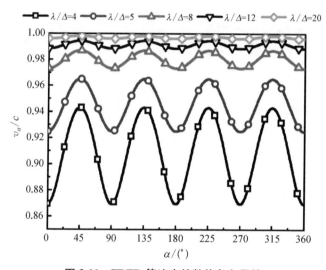

图 3.11　FDTD 算法中的数值各向异性

由于色散介质的介电系数随着频率而变化,因此色散介质 FDTD 的数值色散特性不同于常规 FDTD 算法的数值色散特性。

假设电磁波沿着 z 方向传播,并且各个电磁场分量随着时间和空间的变化为 $e^{j(kz+\omega\Delta t)}$,Drude 介质的色散特性的解析表达式如下:

$$c^2 k^2 = \omega^2 - \frac{\omega_p^2}{1 - j\dfrac{\nu}{\omega}} \qquad (3.70)$$

式中,$c = 1/\sqrt{\varepsilon\mu}$ 为电磁波在介质中的传播速度;k 为电磁波在 Drude 介质中传播的解析波数。

在 Yee 空间中,对于沿着 z 方向传播的电磁场,设电场为 $E_y = E_{y0}e^{j(\tilde{k}i\Delta z+\omega n\Delta t)}$,电位移矢量为 $D_y = D_{y0}e^{j(\tilde{k}i\Delta z+\omega n\Delta t)}$,将其代入式(3.40)并展开,可以得到

$$E_{y0}\mathrm{e}^{\mathrm{j}(ki\Delta z+\omega(n+1)\Delta t)} = \frac{1}{b_0}\left[\begin{array}{l}\dfrac{a_0}{\varepsilon_0}D_{y0}\mathrm{e}^{\mathrm{j}(ki\Delta z+\omega(n+1)\Delta t)} + \dfrac{a_1}{\varepsilon_0}D_{y0}\mathrm{e}^{\mathrm{j}(ki\Delta z+\omega n\Delta t)} \\ + \dfrac{a_2}{\varepsilon_0}D_{y0}\mathrm{e}^{\mathrm{j}(ki\Delta z+\omega(n-1)\Delta t)} \\ - b_1 E\mathrm{e}^{\mathrm{j}(ki\Delta z+\omega n\Delta t)} - b_2\mathrm{e}^{\mathrm{j}(ki\Delta z+\omega(n-1)\Delta t)}\end{array}\right] \tag{3.71}$$

式(3.71)两边同时消去 $\mathrm{e}^{\mathrm{j}(ki\Delta z+\omega n\Delta t)}$，可以得到

$$E_{y0}\mathrm{e}^{\mathrm{j}\omega\Delta t} = \frac{1}{b_0}\left[\frac{a_0}{\varepsilon_0}D_{y0}\mathrm{e}^{\mathrm{j}\omega\Delta t} + \frac{a_1}{\varepsilon_0}D_{y0} + \frac{a_2}{\varepsilon_0}D_{y0}\mathrm{e}^{\mathrm{j}(-\omega\Delta t)} - b_1 E - b_2 E\mathrm{e}^{\mathrm{j}(-\omega\Delta t)}\right] \tag{3.72}$$

整理后可以得到 SO‐FDTD 算法中数值本构关系

$$D_{y0} = \varepsilon_0\left[\frac{b_0\mathrm{e}^{\mathrm{j}\omega\Delta t} + b_1 + b_2\mathrm{e}^{\mathrm{j}(-\omega\Delta t)}}{a_0\mathrm{e}^{\mathrm{j}\omega\Delta t} + a_1 + a_2\mathrm{e}^{\mathrm{j}(-\omega\Delta t)}}\right]E_{y0} \tag{3.73}$$

由式(3.73)可以得到 SO‐FDTD 算法数值相对介电系数为

$$\tilde{\varepsilon}_r = \frac{b_0\mathrm{e}^{\mathrm{j}\omega\Delta t} + b_1 + b_2\mathrm{e}^{\mathrm{j}(-\omega\Delta t)}}{a_0\mathrm{e}^{\mathrm{j}\omega\Delta t} + a_1 + a_2\mathrm{e}^{\mathrm{j}(-\omega\Delta t)}} \tag{3.74}$$

根据 FDTD 时间与空间的差分近似，可以得到如下色散关系：

$$\frac{\sin^2\left(\dfrac{\tilde{k}\Delta z}{2}\right)}{\left(\dfrac{\Delta z}{2}\right)^2} - \frac{1}{c^2}\tilde{\varepsilon}_r\left(\frac{2}{\Delta t}\right)^2\sin^2\left(\frac{\omega\Delta t}{2}\right) = 0 \tag{3.75}$$

将式(3.74)代入式(3.75)可以得到

$$\left(\frac{c\Delta t}{\Delta z}\right)^2\sin^2\left(\frac{\tilde{k}\Delta z}{2}\right) = \frac{b_0\mathrm{e}^{\mathrm{j}\omega\Delta t} + b_1 + b_2\mathrm{e}^{\mathrm{j}(-\omega\Delta t)}}{a_0\mathrm{e}^{\mathrm{j}\omega\Delta t} + a_1 + a_2\mathrm{e}^{\mathrm{j}(-\omega\Delta t)}} \cdot \sin^2\left(\frac{\omega\Delta t}{2}\right) \tag{3.76}$$

式中，$\tilde{k}$ 为数值波数；ω 为入射电磁波角频率，系数 a_0、a_1、a_2、b_0、b_1、b_2 由式(3.41)和式(3.42)确定。

可见，式(3.76)与自由空间中传统 FDTD 算法的数值色散关系的差别为时间相关项的正弦函数增加了数值相对介电常数。采用类似的处理方法，可以得到 PLRC‐FDTD 算法的数值色散关系为

$$\left(\frac{c\Delta t}{\Delta z}\right)^2 \sin^2\left(\frac{\tilde{k}\Delta z}{2}\right) = (1 - \xi_0)\sin^2\left(\frac{\omega\Delta t}{2}\right) + \frac{1}{4}\chi_0(1 - e^{j\omega\Delta t})$$

$$- \frac{\frac{1}{4}\Delta\chi_0(1 - e^{j\omega\Delta t}) - \Delta\xi_0\sin^2\left(\frac{\omega\Delta t}{2}\right)}{e^{j\omega\Delta t} - e^{-\nu\Delta t}} \qquad (3.77)$$

式中，$\tilde{k}$ 为数值波数；ω 为入射电磁波角频率；系数 ξ_0、χ_0、$\Delta\xi_0$ 以及 $\Delta\chi_0$。

从色散介质 FDTD 算法的数值色散公式(3.76)与式(3.77)可以看出，为求解数值波数 $\tilde{k}$，需要求解反正弦复变函数。将 $\tilde{k}$ 分为实部和虚部，将数值波数 $\tilde{k}$ 与解析波数 k 进行比较。其中实部反映数值色散误差，虚部反映数值耗散误差。为了清晰地比较数值波数相对于解析波数的误差，引入以下两个函数分别对数值波数的实部与虚部误差进行分析

$$\text{error}^{\text{real}} = \left|\frac{\text{Re}\{k - \tilde{k}\}}{\text{Re}\{k\}}\right| \qquad (3.78)$$

以及

$$\text{error}^{\text{imag}} = \left|\frac{\text{Im}\{k - \tilde{k}\}}{\text{Im}\{k\}}\right| \qquad (3.79)$$

式中，数值波数 $\tilde{k}$ 由式(3.76)和式(3.77)得到，解析波数 k 由式(3.70)得到。在计算数值波数时，假定电磁波具有 $e^{j(ki\Delta z - \omega n\Delta t)}$ 形式，由此可以看出 $\text{error}^{\text{real}}$ 表示数值相位误差，而 $\text{error}^{\text{imag}}$ 表示数值衰减误差。

PLRC - FDTD 算法与 SO - FDTD 算法的数值色散与耗散误差随空间网格步长的变化曲线如图 3.12 所示。图 3.12 中可以看出，PLRC - FDTD 算法的数值色散与耗散误差小于 SO - FDTD 算法，具有更好的精度，并且当 Δ/λ 大于 0.05 时，误差基本保持不变，而 SO - FDTD 算法在 Δ/λ 大于 0.2 时，随着空间离散步长 Δ 的增大，误差有增大的趋势。同时可以看出，当空间离散步长 Δ 接近于 0 时，两种算法的数值色散与耗散误差均接近于 0，在 Δ/λ 小于 0.05 时，减小空间离散步长 Δ 能够有效地减小两种算法的数值色散与耗散误差。

FDTD 算法在模拟色散介质的电磁特性时，除了上述分析的空间离散步长对数值色散与耗散误差有影响，同时，等离子体频率与碰撞频率同样对数值色散与耗散误差具有影响。图 3.13 与图 3.14 分别给出了等离子体碰撞频率对 SO - FDTD 算法与 PLRC - FDTD 算法的数值色散与耗散误差的影响，图 3.15 与图 3.16 分别给出了等离子体频率对 SO - FDTD 算法与 PLRC - FDTD 算法的数

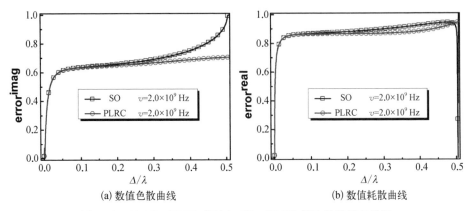

(a) 数值色散曲线　　　　　　　　　　(b) 数值耗散曲线

**图 3.12　PLRC‐FDTD 算法与 SO‐FDTD 算法的数值色散与
耗散误差随空间网格步长的变化曲线**

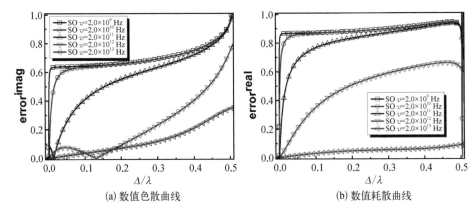

(a) 数值色散曲线　　　　　　　　　　(b) 数值耗散曲线

图 3.13　等离子体碰撞频率对 SO‐FDTD 算法数值色散与耗散的影响

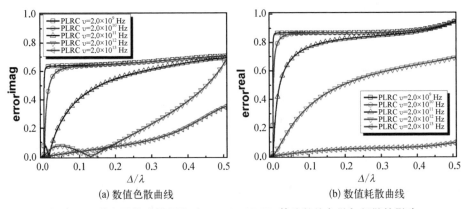

(a) 数值色散曲线　　　　　　　　　　(b) 数值耗散曲线

图 3.14　等离子体碰撞频率对 PLRC‐FDTD 算法数值色散与耗散的影响

值色散与耗散误差的影响。由图 3.15 和图 3.16 可以看出,对于两种算法而言,数值色散与耗散误差均随着碰撞频率的增大而减小,随着等离子体频率的增大而增大。当等离子体频率达到 10^{10} Hz 以上时,两种算法具有较大的数值色散误差,除了非常小的空间网格离散步长外,其余误差均接近于 1。

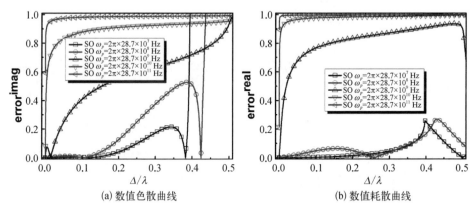

图 3.15　等离子体频率对 SO‑FDTD 算法数值色散与耗散的影响

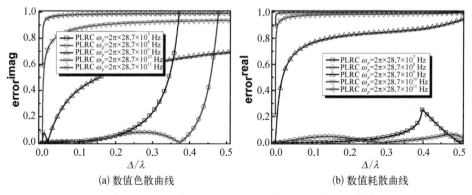

图 3.16　等离子体频率对 PLRC‑FDTD 算法数值色散与耗散的影响

由于随空间变化(非均匀,简称空变)等离子体的数值色散是关于入射电磁波工作频率、等离子体参数以及空间坐标的函数,因此复数值波数难以得到解析表达式。因此,采用类似于文献[75]中的基于等效数值波数的表达式能够更方便地分析空变等离子体 FDTD 算法的数值波数误差。在给定的任一入射波工作频率,对于 FDTD 计算空间中所有不同的网格,等效数值波数 K_{eff} 定义为计算区域中所有网格的数值波数 K 关于等离子体频率 $\omega_{p,i}^2$ 的加权平均值

$$K_{\text{eff}} = \frac{\sum\limits_{i=1}^{m} K_i \omega_{p,\,i}^2}{\sum\limits_{i=1}^{m} \omega_{p,\,i}^2} \tag{3.80}$$

式中,m 为 FDTD 计算区域中任一网格的编号。

等离子体的解析波数可以由以下关系得到

$$c^2 k^2 = \omega^2 - \frac{\omega_p^2}{1 - j\dfrac{\nu}{\omega}} \tag{3.81}$$

式中,c 为真空中的光速;ω 为入射电磁波工作频率;ω_p 为等离子体频率;ν 为等离子体的碰撞频率;j 为复数 $\sqrt{-1}$;k 为电磁波在等离子体中传播的解析波数。对于本节所考虑的空变等离子体,式(3.81)可以写为

$$c^2 k_i^2 = \omega^2 - \frac{\omega_{p,\,i}^2}{1 - j\dfrac{\nu}{\omega}} \tag{3.82}$$

式中,$\omega_{p,\,i}^2$ 与式(3.80)相同,c、ω、ν、j 与式(3.81)相同。

空变等离子体的解析波数对于一个给定的入射电磁波频率 ω 并非常数,与数值波数的处理方法类似,采用如下等效数值波数表征空变等离子体解析波数随着空间变化的等效解析数值波数

$$k_{\text{eff}} = \omega_{p,\,i}^2 \frac{\partial k(\omega,\,\omega_p^2)}{\partial(\omega_p^2)} \tag{3.83}$$

式中,空变等离子体频率 $\omega_{p,\,i}^2$ 与式(3.80)具有相同的定义。

通过 PLRC‐FDTD 算法仿真验证本书所提出的非均匀数值色散误差与数值耗散误差的模型。由于上述误差分析为频率的函数,因此在验证中分析仿真所得到的幅度与相位随着频率变化的误差。四种分布函数的测试解所采用的计算参数与前边所采用的计算参数保持一致,而参考解的计算条件与上述计算参数不同的地方在于采用 dt ＝ 0.99 × dz/c,该设置可以保证 FDTD 计算结果的稳定性和准确性。激励源采用高斯脉冲,等离子体参数与前面所采用的参数一致,吸收边界条件采用 Mur 吸收边界。FDTD 计算区域模型如图 3.17 所示。

图 3.17　FDTD 计算区域模型

基于以上等效数值与解析波数分析色散介质的 FDTD 算法,分析空变等离子体由于时间与空间离散所引起的电磁特性数值色散误差。考虑包含等离子体的无限长平板具有 800 个 FDTD 网格,每个网格的空间离散步长为 dz = 30 m,具有等离子体填充的网格为 301 ~ 500,即等离子体占据 200 个空间网格。时间步长为 dt = 0.5dz/c = 0.05 μs。 在此,给定四种类型的电子密度分布函数 $f(\boldsymbol{r})$ 如下:

$$f_{\text{linear}}(\boldsymbol{r}) = \frac{\boldsymbol{r}}{d} \tag{3.84}$$

$$f_{\text{parabola}}(\boldsymbol{r}) = \left(\frac{\boldsymbol{r}}{d}\right)^2 \tag{3.85}$$

$$f_{\text{sine}}(\boldsymbol{r}) = \sin\left(\frac{\pi\boldsymbol{r}}{2d}\right) \tag{3.86}$$

$$f_{\text{epstein}}(\boldsymbol{r}) = \frac{1}{1 + \exp\left(-\dfrac{\boldsymbol{r} - d/2}{\sigma}\right)} \tag{3.87}$$

式中,$\boldsymbol{r}$ 代表空间矢量,在本节所考虑的等离子体中 $\boldsymbol{r} = z$;d 为等离子体的厚度;σ 为尺度变量,且有 $\sigma = 10dz$。

计算区域内每一个网格的等离子体频率 $\omega_p(\boldsymbol{r})$ 通过以下关系得到

$$n_e(\boldsymbol{r}) = n_0 f(\boldsymbol{r})$$
$$\omega_p^2(\boldsymbol{r}) = \frac{n_e(\boldsymbol{r})e^2}{m_e\varepsilon_0} \tag{3.88}$$

式中,n_0 表示最大等离子体电子密度,并且取 $n_0 = 2.83\times10^9 \ m^{-3}$,所对应的最大等离子体频率为 $\omega_p = 3 \times 10^6 \ \text{rad/s}$。 取碰撞频率为 $\nu = 3 \times 10^7 \ \text{Hz}$ [①]。图 3.18 给出了式(3.84)~式(3.87)中所述四种等离子体电子密度分布在空间网格的分布状态。

———————————

① 本书按照常规惯例,等离子体频率的单位采用角频率表示,单位为 rad/s,等离子体碰撞频率单位为 Hz。

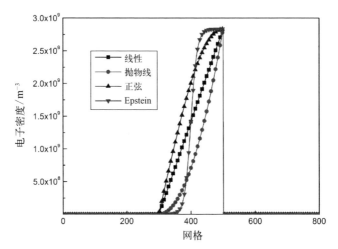

图 3.18 不同分布函数电子密度随空间分布

图 3.19 与图 3.20 给出了上述四种等离子体电子密度分布的 FDTD 等效数值色散误差与等效数值耗散误差随着频率的变化曲线。角频率 ω 为 $10^4 \sim 5\times 10^6$ rad/s，上述四种电子密度分布的 FDTD 等效数值色散误差的角频率 ω 为 2×10^5 rad/s，并且 Epstein 分布状态的等效数值色散误差大于其余三种分布状态，主要是因为该分布相对于其他三种分布具有更大的梯度。

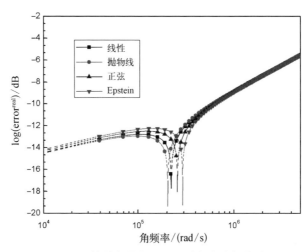

图 3.19 等效数值色散误差随频率变化曲线

四种电子密度分布的 FDTD 数值耗散误差彼此差别较小。对于四种分布状态，FDTD 算法的数值色散误差与数值耗散误差的最小值出现在入射电磁频率

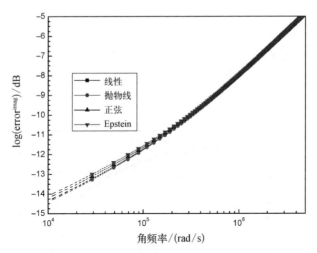

图 3.20 等效数值耗散误差随频率变化曲线

小于最大等离子体频率,因此在实际仿真中,主要的误差来源于入射电磁波频率等于或者大于等离子体频率情况。

图 3.17 给出了计算模型以及计算区域,透射场在第 501 个网格处采样。采用傅里叶逆变换将计算所得到的时域透射场变换到频域,得到频域透射场的幅度与相位。四种电子密度分布函数所得到的透射场的测试解与参考解之间的误差可以分为两个部分:相位误差与幅度误差。

图 3.21 和图 3.22 给出了四种电子密度分布函数的相位误差与幅度误差,为

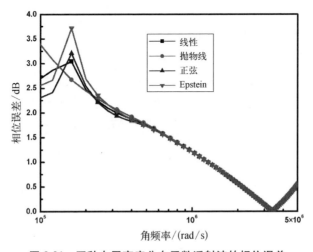

图 3.21 四种电子密度分布函数透射波的相位误差

便于观察,取频率范围为 $\omega = 10^5 \sim 5 \times 10^6$ rad/s。各种电子密度分布函数的透射场相位误差(受数值色散误差支配)在频点 $\omega = 10^5$ rad/s 达到最大峰值,Epstein 分布的相位误差大于其他三种分布函数的误差,该现象与图 3.19 所示结果一致。不同电子密度分布函数的透射场幅度误差(受耗散误差支配)具有很小的差异,这与图 3.20 所示结果一致。

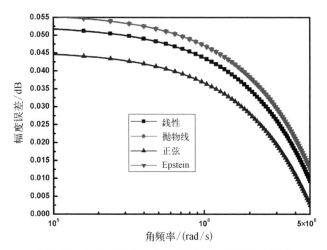

图 3.22 四种电子密度分布函数透射波的幅度误差

综上所述,通过 FDTD 算法仿真结果对比的误差,即图 3.19 与图 3.22 中所示,等效数值色散与耗散误差具有相同的特点,能够说明所提出的空变等离子体 FDTD 算法的等效数值色散与耗散误差模型的有效性。

3.1.6 等离子体 FDTD(2,4)算法

1. FDTD(2,4)算法基本原理

常规 FDTD 算法在时间与空间的差分近似为二阶近似,为了减少算法的数值色散误差,采用高阶近似是一种比较通用的方法。令 $f(x, y, z, t)$ 代表 E 或 H 在直角坐标系中任一分量,在时间和空间中的离散取如下符号表示:

$$f(x, y, z, t) = f(i\Delta x, j\Delta y, k\Delta z, n\Delta t) = f^n(i, j, k) \tag{3.89}$$

定义函数 $f(x)$ 在区间 (x_1, x_2) 上 $n + 1$ 阶可导,假定 $x_0 \in (x_1, x_2)$,则由 Taylor 级数展开公式可得

$$f\left(x \pm \frac{1}{2}\Delta\right) = f(x) + \left(\pm\frac{1}{2}\Delta\right)\frac{\partial}{\partial x}f(x) + \frac{1}{2!}\left(\pm\frac{1}{2}\Delta\right)^2 \frac{\partial^2}{\partial x^2}f(x)$$

$$+ \frac{1}{3!}\left(\pm\frac{1}{2}\Delta\right)^3\frac{\partial^3}{\partial x^3}f(x) + O\left[\left(\pm\frac{1}{2}\Delta\right)^3\right] \tag{3.90}$$

$$f\left(x\pm\frac{3}{2}\Delta\right) = f(x) + \left(\pm\frac{3}{2}\Delta\right)\frac{\partial}{\partial x}f(x) + \frac{1}{2!}\left(\pm\frac{3}{2}\Delta\right)^2\frac{\partial^2}{\partial x^2}f(x)$$

$$+ \frac{1}{3!}\left(\pm\frac{3}{2}\Delta\right)^3\frac{\partial^3}{\partial x^3}f(x) + O\left[\left(\pm\frac{3}{2}\Delta\right)^3\right] \tag{3.91}$$

由式(3.90)和式(3.91)可以得到

$$\frac{\partial}{\partial x}f(x) = \frac{9}{8}\left[\frac{f\left(x+\frac{1}{2}\Delta\right) - f\left(x-\frac{1}{2}\Delta\right)}{\Delta}\right]$$

$$-\frac{1}{24}\left[\frac{f\left(x+\frac{3}{2}\Delta\right) + f\left(x-\frac{3}{2}\Delta\right)}{\Delta}\right] \tag{3.92}$$

　　同理,可以得出在空间上任意阶导数的差分近似

$$\frac{\partial}{\partial x}f(x) = \frac{1}{\Delta}\sum_{s=1}^{M/2}C_s\left[f(x+(2s-1)/2) - f(x-(2s-1)/2)\right] \tag{3.93}$$

系数 C_s 可以通过式(3.93)右边的 Taylor 级数展开得到并且需满足最小截断误差。求解 C_s 的过程可以归结为以下 $M/2 \times M/2$ 矩阵

$$\begin{bmatrix} 1 & 3 & \cdots & M-1 \\ 1 & 3^3 & \cdots & (M-1)^3 \\ \vdots & \vdots & & \vdots \\ 1 & 3^{M-1} & \cdots & (M-1)^{M-1} \end{bmatrix}\begin{bmatrix} C_1 \\ C_2 \\ \vdots \\ C_{M/2} \end{bmatrix} = \begin{bmatrix} 1 \\ 0 \\ \vdots \\ 0 \end{bmatrix} \tag{3.94}$$

通过式(3.94)可以得到 C_s 的表达式如下:

$$C_s = \frac{(-1)^{s+1}(M-1)!!^2}{2^{M-2}\left(\frac{1}{2}M+s-1\right)!\left(\frac{1}{2}M-s\right)!(2s-1)^2} \tag{3.95}$$

式中,算子 $!!$ 定义为 $N!! = N(N-2)(N-4)\cdots$,Taylor 级数截断误差为

$$\frac{\Delta^M}{2^M(M+1)!}\sum_{s=1}^{M/2}C_s(2s-1)^{M+1}f^{(M+1)}(x) \tag{3.96}$$

表 3.1 给出了不同阶数空间导数的系数以及截断误差[107]。

表 3.1 不同阶数空间导数的系数以及截断误差

M 阶导数	C_1	C_2	C_3	C_4	C_5	截断误差
2	1	0	0	0	0	$-\dfrac{\Delta^2}{24}f^{(3)}(x)$
4	$\dfrac{1}{8}$	$-\dfrac{1}{24}$	0	0	0	$-\dfrac{3\Delta^4}{640}f^{(5)}(x)$
6	$\dfrac{75}{64}$	$-\dfrac{25}{384}$	$\dfrac{3}{640}$	0	0	$-\dfrac{5\Delta^6}{7\,168}f^{(7)}(x)$
8	$\dfrac{1\,225}{1\,024}$	$-\dfrac{245}{3\,072}$	$\dfrac{49}{5\,120}$	$-\dfrac{5}{7\,168}$	0	$-\dfrac{35\Delta^8}{294\,912}f^{(9)}(x)$
10	$\dfrac{19\,845}{16\,384}$	$-\dfrac{735}{8\,192}$	$\dfrac{567}{40\,960}$	$-\dfrac{405}{229\,376}$	$\dfrac{35}{294\,912}$	$-\dfrac{63\Delta^{10}}{2\,883\,584}f^{(11)}(x)$

采用差分近似求解时域麦克斯韦方程组时,如果对时间采用高阶导数近似,将需要存储较多之前时刻的场值,导致更多的内存开销。因此,仅考虑时间导数二阶近似,空间导数 M 阶近似,用 FDTD$(2, M)$ 表示。当 $M = 2$ 时,退化为 FDTD$(2, 2)$ 算法,即常规 FDTD 算法。

可以看出,在高阶 FDTD 算法中,阶数越高,在求解任一网格的电磁场时需要越多的周围网格数。例如,当空间导数为四阶时,计算电场需要相邻的四个网格的磁场值以及次外层的四个网格的磁场值;当空间导数为六阶时,还需包围着次外层的四个网格的磁场值,以此类推。四阶空间导数求解任一电场时所需磁场量如图 3.23 所示。

考虑高阶 FDTD 算法的数值色散特性。同样,通过 von Neumann 方法并结合离散傅里叶变换,可以得到 FDTD$(2, M)$ 的稳定性条件。以 FDTD$(2, 4)$ 为例,时间步长需满足如下稳定性条件:

$$c\Delta t \leqslant \frac{6}{7}\frac{1}{\sqrt{\dfrac{1}{(\Delta x)^2}+\dfrac{1}{(\Delta y)^2}+\dfrac{1}{(\Delta z)^2}}} \tag{3.97}$$

对于 FDTD$(2, M)$ 形式的算法,可以得到如下数值色散特性[65]:

$$\left[\frac{\sin(\omega\Delta t)}{c\Delta t}\right]^2 = \sum_{\zeta=x,\,y,\,z}\frac{1}{(\Delta\zeta)^2}\left[\sum_{s=1}^{M/2}C_s\sin\left(\frac{2s-1}{2}\tilde{k}_\zeta\Delta\zeta\right)\right] \tag{3.98}$$

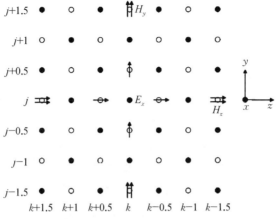

图 3.23　四阶空间导数求解任一电场时所需磁场量

式中, $c = 1/\sqrt{\mu\varepsilon}$; $\tilde{k}_x = \tilde{k}\sin\theta\cos\varphi$、$\tilde{k}_y = \tilde{k}\sin\theta\sin\varphi$、$\tilde{k}_z = \tilde{k}\cos\theta$ 为 x、y、z 各个方向的数值波数。

　　FDTD(2,4)算法与常规 FDTD 算法的数值色散误差如图 3.24 所示,可以看出,引入空间高阶(4 阶)差分近似之后,FDTD 算法固有的空间色散误差得到了有效的改善。

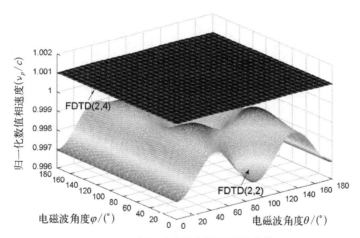

图 3.24　高低阶数值色散误差的比较

　　虽然高阶 FDTD 算法的数值色散误差比 FDTD(2,2)的小,具有较高的计算精度,但是由于该算法在计算任意一个网格的电场或者磁场值时,需要比 FDTD(2,2)算法更多的外层网格数。这就导致高阶 FDTD 算法处理边界条件时面临一定的困难,尤其是吸收边界条件以及完美电导体边界条件。因此,综合考虑计算精度以及程序的复杂性等因素,采用 FDTD(2,4)是一种理想的选择,既提高了计算精度,又没有增加程序实现的复杂度。

为解决 FDTD(2,4)算法在处理吸收边界条件以及完美电导体边界条件时所面临的问题,一种简单并且有效的方法为在边界处设置一部分 FDTD(2,2)的网格,而在计算区域内其他网格仍然采用 FDTD(2,4)网格。对于散射问题,主要处理吸收边界条件。在吸收边界条件处所设置的 FDTD(2,2)网格可以称为缓冲层,该方法称为混合 FDTD(2,4)算法。混合 FDTD(2,4)算法区域结构如图 3.25 所示。由于引入缓冲层,因此吸收边界条件依然可以采用 PML 的二阶差分近似形式。虽然在缓冲层处存在由四阶差分近似向二阶差分近似过渡时所引起的相位失配,但是该现象所引起的误差对散射问题影响很小。

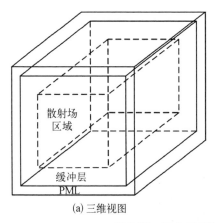
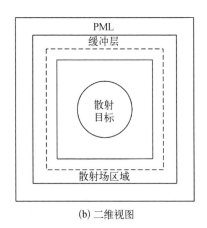

(a) 三维视图　　　　　　　　　(b) 二维视图

图 3.25　混合 FDTD(2,4)算法区域结构

为验证混合 FDTD(2,4)算法的精确度和有效性,采用该算法计算电大尺寸介质球体的电磁散射。采用平面波入射,入射波在自由空间中波长为 $\lambda_0 = 1$ m 对应角频率为 $\omega = 2\pi \times 3 \times 10^8$ rad/s。平面波入射角度为 $\theta = 0°$,$\varphi = 0°$。介质球半径为 $R = 10\lambda_0$,介电常数为 $\varepsilon_r = 4.0$。FDTD 的网格空间离散步长为 $\Delta x = \Delta y = \Delta z = \lambda_0/20$,时间步长为 $\Delta t = 0.494\,9\Delta x/c$。采用 10 层 PML 吸收边界。

介质球的同极化双站雷达散射截面(RCS)如图 3.26 所示。由图 3.26 可见,在采用相同空间网格步长情况下,混合 FDTD(2,4)算法与 Mie 理论的计算结构吻合良好,而 FDTD(2,2)算法与 Mie 理论相对误差较大,尤其是后向散射。在局部放大视图中,FDTD(2,2)算法与 Mie 理论之间的差异清晰可见,而混合

FDTD(2,4)算法所得到的 RCS 曲线与 Mie 理论所得到的曲线之间差异非常小。从而说明两种算法在相同网格离散步长时,混合 FDTD(2,4)算法可以很大程度上提高 FDTD 算法在计算电磁散射问题时的计算精度。

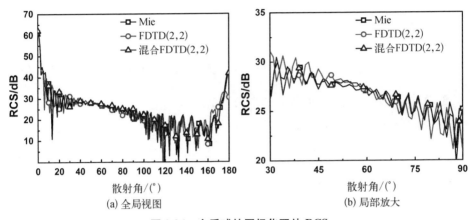

(a) 全局视图   (b) 局部放大

图 3.26　介质球的同极化双站 RCS

FDTD(2,2)与混合 FDTD(2,4)网格均为 $\lambda_0/20$

2. SO‐FDTD(2,4)算法

基于以上对 FDTD(2,4)基本原理的介绍以及数值结果分析,本节将 SO‐FDTD 算法与 FDTD(2,4)算法相结合,形成 SO‐FDTD(2,4)算法,降低 FDTD 算法在色散介质中的数值色散与耗散误差,提高 SO‐FDTD 算法在计算色散介质时的精确度。

Drude 模型介电系数可以表示为如下有理分式:

$$\varepsilon_r^{\text{Drude}}(\omega) = 1 - \frac{\omega_p^2}{\omega(\omega - \mathrm{j}\nu)} = \frac{\sum_{n=0}^{N} p_n(\mathrm{j}\omega)^n}{\sum_{n=0}^{M} q_n(\mathrm{j}\omega)^n} \tag{3.99}$$

式中,$M = N = 2$,p_n、q_n 分别为有理分式分子和分母的多项式系数。

根据频域到时域的转换关系 $\mathrm{j}\omega \rightarrow \partial/\partial t$,频域本构关系在时域可以表示为

$$D(t) = \varepsilon_0 \varepsilon_r^{\text{Drude}}(\partial/\partial t) E(t) \tag{3.100}$$

式中,$\varepsilon_r^{\text{Drude}}(\partial/\partial t)$ 为时域形式的介电系数

$$\varepsilon_r^{\text{Drude}}(\partial/\partial t) = \frac{\sum\limits_{n=0}^{N} p_n(\partial/\partial t)^n}{\sum\limits_{n=0}^{M} q_n(\partial/\partial t)^n} \qquad (3.101)$$

将式(3.101)代入式(3.100)可以得到

$$\left[\sum_{l=0}^{M} q_l(\partial/\partial t)^l\right] D(t) = \varepsilon_0 \left[\sum_{l=0}^{N} p_l(\partial/\partial t)^l\right] E(t) \qquad (3.102)$$

式(3.102)为时域中包含时间导数的本构关系。

下面考虑时间导数在时域中的离散形式。设函数

$$y(t) = \partial f(t)/\partial t \qquad (3.103)$$

在 $(n+0.5)\Delta t$ 时刻的中心差分近似为

$$\frac{y^{n+1} - y^n}{2} = \frac{f^{n+1} - f^n}{\Delta t} \qquad (3.104)$$

引入在时域中的移位算子 z_t

$$z_t f^n = f^{n+1} \qquad (3.105)$$

结合式(3.104)和式(3.105)可以得到

$$y^n = \frac{2}{\Delta t} \frac{z_t - 1}{z_t + 1} f^n \qquad (3.106)$$

通过比较式(3.103)和式(3.106)可以得到

$$\frac{\partial}{\partial t} \rightarrow \frac{2}{\Delta t} \cdot \frac{z_t - 1}{z_t + 1} \qquad (3.107)$$

同时,可以通过归纳法证明,对于高阶导数同样具有

$$\left(\frac{\partial}{\partial t}\right)^l \rightarrow \left(\frac{2}{\Delta t} \cdot \frac{z_t - 1}{z_t + 1}\right)^l \qquad (3.108)$$

将式(3.108)代入式(3.102)整理后可以得到以下时域离散形式

$$\left[\sum_{l=0}^{M} q_l \left(\frac{2}{\Delta t} \cdot \frac{z_t - 1}{z_t + 1}\right)^l\right] D^n = \varepsilon_0 \left[\sum_{l=0}^{N} p_l \left(\frac{z_t - 1}{z_t + 1}\right)^l\right] E^n \qquad (3.109)$$

最后,根据移位算子作用的结果 $z_t^k D^n \to z_t^{k-1} D^{n+1} \to D^{n+k}$ 得到

$$E^{n+1} = \frac{1}{b_0}\left(\sum_{l=0}^{2} \frac{a_l}{\varepsilon_0} D^{n+1-l} - \sum_{l=1}^{2} b_l E^{n+1-l} \right) \qquad (3.110)$$

式中,

$$\begin{cases} a_0 = q_0 + q_1\left(\dfrac{2}{\Delta t}\right) + q_2\left(\dfrac{2}{\Delta t}\right)^2 \\[2mm] a_1 = 2q_0 - 2q_2\left(\dfrac{2}{\Delta t}\right)^2 \\[2mm] a_2 = q_0 - q_1\left(\dfrac{2}{\Delta t}\right) + q_2\left(\dfrac{2}{\Delta t}\right)^2 \end{cases} \qquad (3.111)$$

$$\begin{cases} b_0 = p_0 + p_1\left(\dfrac{2}{\Delta t}\right) + p_2\left(\dfrac{2}{\Delta t}\right)^2 \\[2mm] b_1 = 2p_0 - 2p_2\left(\dfrac{2}{\Delta t}\right)^2 \\[2mm] b_2 = p_0 - p_1\left(\dfrac{2}{\Delta t}\right) + p_2\left(\dfrac{2}{\Delta t}\right)^2 \end{cases} \qquad (3.112)$$

$$p_0 = \omega_p^2, \ p_1 = \gamma, \ p_2 = 1 \qquad (3.113)$$

$$q_0 = 0, \ q_1 = \gamma, \ q_2 = 1 \qquad (3.114)$$

对于无源形式的麦克斯韦方程组,在时间上进行二阶差分近似,空间上进行式(3.92)所述四阶差分近似,可以得到如下差分近似:

$$D_x^{n+1}(i+0.5, j, k) = D_x^n(i+0.5, j, k)$$
$$+ \Delta t \cdot \left[\begin{array}{l} \dfrac{9}{8} \cdot \left(\dfrac{H_z^{n+0.5}(i+0.5, j+0.5, k) - H_z^{n+0.5}(i+0.5, j-0.5, k)}{\Delta y} \right. \\[4mm] \left. \quad - \dfrac{H_y^{n+0.5}(i+0.5, j, k+0.5) - H_y^{n+0.5}(i+0.5, j, k-0.5)}{\Delta z} \right) \\[4mm] - \dfrac{1}{24} \cdot \left(\dfrac{H_z^{n+0.5}(i+0.5, j+1.5, k) - H_z^{n+0.5}(i+0.5, j-1.5, k)}{\Delta y} \right. \\[4mm] \left. \quad - \dfrac{H_y^{n+0.5}(i+0.5, j, k+1.5) - H_y^{n+0.5}(i+0.5, j, k-1.5)}{\Delta z} \right) \end{array} \right]$$

$$(3.115)$$

$$D_y^{n+1}(i, j + 0.5, k) = D_y^n(i, j + 0.5, k)$$

$$+ \Delta t \cdot \left[\begin{array}{l} \dfrac{9}{8} \cdot \left(\dfrac{H_x^{n+0.5}(i, j + 0.5, k + 0.5) - H_x^{n+0.5}(i, j + 0.5, k - 0.5)}{\Delta z} \\ - \dfrac{H_z^{n+0.5}(i + 0.5, j + 0.5, k) - H_z^{n+0.5}(i - 0.5, j + 0.5, k)}{\Delta x} \right) \\ - \dfrac{1}{24} \cdot \left(\dfrac{H_x^{n+0.5}(i, j + 0.5, k + 1.5) - H_x^{n+0.5}(i, j + 0.5, k - 1.5)}{\Delta z} \\ - \dfrac{H_z^{n+0.5}(i + 1.5, j + 0.5, k) - H_z^{n+0.5}(i - 1.5, j + 0.5, k)}{\Delta x} \right) \end{array} \right]$$

$$(3.116)$$

$$D_z^{n+1}(i, j + 0.5, k) = D_z^n(i, j + 0.5, k)$$

$$+ \Delta t \cdot \left[\begin{array}{l} \dfrac{9}{8} \cdot \left(\dfrac{H_y^{n+0.5}(i + 0.5, j, k + 0.5) - H_y^{n+0.5}(i - 0.5, j, k + 0.5)}{\Delta x} \\ - \dfrac{H_x^{n+0.5}(i, j + 0.5, k + 0.5) - H_x^{n+0.5}(i, j - 0.5, k + 0.5)}{\Delta y} \right) \\ - \dfrac{1}{24} \cdot \left(\dfrac{H_y^{n+0.5}(i + 1.5, j, k + 0.5) - H_y^{n+0.5}(i - 1.5, j, k + 0.5)}{\Delta x} \\ - \dfrac{H_x^{n+0.5}(i, j + 1.5, k + 0.5) - H_x^{n+0.5}(i, j - 1.5, k + 0.5)}{\Delta y} \right) \end{array} \right]$$

$$(3.117)$$

$$B_x^{n+0.5}(i, j + 0.5, k + 0.5) = B_x^{n-0.5}(i, j + 0.5, k + 0.5)$$

$$- \Delta t \cdot \left[\begin{array}{l} \dfrac{9}{8} \cdot \left(\dfrac{E_z^n(i, j + 1, k + 0.5) - E_z^n(i, j, k + 0.5)}{\Delta y} \\ - \dfrac{E_y^n(i, j + 0.5, k + 1) - E_y^n(i, j + 0.5, k)}{\Delta z} \right) \\ + \dfrac{1}{24} \cdot \left(\dfrac{E_z^n(i, j + 2, k + 0.5) - E_z^n(i, j - 1, k + 0.5)}{\Delta y} \\ - \dfrac{E_y^n(i, j + 0.5, k + 2) - E_y^n(i, j + 0.5, k - 1)}{\Delta z} \right) \end{array} \right]$$

$$(3.118)$$

$$B_y^{n+0.5}(i, j + 0.5, k + 0.5) = B_y^{n-0.5}(i, j + 0.5, k + 0.5)$$

$$- \Delta t \cdot \left[\frac{9}{8} \cdot \left(\frac{E_x^n(i + 0.5, j, k + 1) - E_x^n(i + 0.5, j, k)}{\Delta z} - \frac{E_z^n(i + 1, j, k + 0.5) - E_z^n(i, j, k + 0.5)}{\Delta x} \right) + \frac{1}{24} \cdot \left(\frac{E_x^n(i + 0.5, j, k + 2) - E_x^n(i + 0.5, j, k - 1)}{\Delta z} - \frac{E_z^n(i + 2, j, k + 0.5) - E_z^n(i - 1, j, k + 0.5)}{\Delta x} \right) \right]$$

$$(3.119)$$

$$B_z^{n+0.5}(i, j + 0.5, k + 0.5) = B_z^{n-0.5}(i, j + 0.5, k + 0.5)$$

$$- \Delta t \cdot \left[\frac{9}{8} \cdot \left(\frac{E_y^n(i + 1, j + 0.5, k) - E_y^n(i, j + 0.5, k)}{\Delta x} - \frac{E_x^n(i + 0.5, j + 1, k) - E_x^n(i + 0.5, j, k)}{\Delta y} \right) + \frac{1}{24} \cdot \left(\frac{E_y^n(i + 2, j + 0.5, k) - E_y^n(i - 1, j + 0.5, k)}{\Delta x} - \frac{E_x^n(i + 0.5, j + 2, k) - E_x^n(i + 0.5, j - 1, k)}{\Delta y} \right) \right]$$

$$(3.120)$$

完成高阶色散介质 FDTD 迭代计算还需电磁场时域本构关系。由于等离子体属于非磁色散介质,所以其磁场与磁通量的本构关系为

$$H_\zeta^{n+0.5} = B_\zeta^{n+0.5} / (\mu_0 \mu_r) \tag{3.121}$$

式中, ζ 代表 x、y、z 方向。电场与电位移矢量在三维空间本构关系的迭代公式可以由式(3.110)得到

$$E_x^{n+1}(i + 0.5, j, k) = \frac{1}{b_0} \left[\sum_{l=0}^{2} \frac{a_l}{\varepsilon_0} D_x^{n+1-l}(i + 0.5, j, k) - \sum_{l=1}^{2} b_l E_x^{n+1}(i + 0.5, j, k) \right]$$

$$(3.122)$$

$$E_y^{n+1}(i, j + 0.5, k) = \frac{1}{b_0} \left[\sum_{l=0}^{2} \frac{a_l}{\varepsilon_0} D_y^{n+1-l}(i, j + 0.5, k) - \sum_{l=1}^{2} b_l E_y^{n+1}(i, j + 0.5, k) \right]$$

$$(3.123)$$

$$E_z^{n+1}(i, j, k + 0.5) = \frac{1}{b_0} \left[\sum_{l=0}^{2} \frac{a_l}{\varepsilon_0} D_z^{n+1-l}(i, j, k + 0.5) - \sum_{l=1}^{2} b_l E_z^{n+1}(i, j, k + 0.5) \right]$$

$$(3.124)$$

至此,可以完成高阶有限差分时域法迭代计算,具体步骤如下所示。

第一步,根据式(3.115)~式(3.117)完成由磁场到电位移矢量的迭代。

第二步,根据式(3.122)~式(3.124)完成由电位移矢量到电场的迭代。

第三步,根据式(3.118)~式(3.120)完成由电场到磁通量的迭代。

第四步,根据式(3.121)完成由磁通量到磁场的迭代,返回第一步开始循环。

为验证 SO‐FDTD(2, 4)算法的精确度,以 Mie 理论解析解[49]为基准,并与 SO‐FDTD(2, 2)(常规 SO‐FDTD 算法)算法计算结果相比较。所计算等离子体球体半径为 $r = 3.75$ mm,等离子体频率 $\omega_p = 2\pi \times 28.7 \times 10^9$ rad/s,等离子体碰撞频率 $\nu = 2.0 \times 10^{10}$ Hz。 两种算法空间网格离散步长均为 $\Delta x = \Delta y = \lambda/20$,SO‐FDTD(2, 4)算法的时间离散步长为 $\Delta t = 0.4\Delta x/c$,SO‐FDTD(2, 4)算法的时间离散步长为 $\Delta t = 0.5\Delta x/c$。

计算结果如图 3.27 所示,随着电尺寸的增大(r/λ),两种算法之间的差异逐渐变得更加明显。当 r/λ 接近 2 时,SO‐FDTD(2, 4)算法表现出明显的优势,与 Mie 理论解析解吻合良好,而 SO‐FDTD(2, 2)算法与解析解具有明显的差异。从而说明,SO‐FDTD(2, 4)算法能够有效地提高 FDTD 算法在计算色散介质电磁散射特性时的精度。

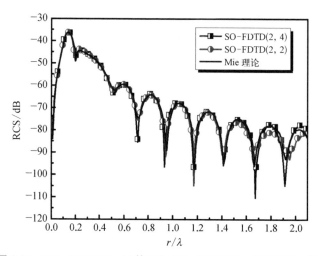

图 3.27 SO‐FDTD(2, 4)算法与 SO‐FDTD(2, 2)算法的对比

3. ADE - FDTD(2, 4)算法

由麦克斯韦方程可以得到

$$\nabla \times \boldsymbol{H} = \frac{\partial \boldsymbol{D}}{\partial t} + \sigma \boldsymbol{E} = \varepsilon_0 \varepsilon_\infty \frac{\partial \boldsymbol{E}}{\partial t} + \sigma \boldsymbol{E} + \boldsymbol{J}_p \tag{3.125}$$

式中,频域形式的极化电流 $\boldsymbol{J}_p$ 为

$$\boldsymbol{J}_p(\omega) = \mathrm{j}\omega \varepsilon_0 \chi(\omega) \boldsymbol{E}(\omega) \tag{3.126}$$

将非磁化等离子体频域的极化率函数式(2.44)代入,并整理得

$$\omega^2 \boldsymbol{J}_p - \mathrm{j}\omega \nu_c \boldsymbol{J}_p = -\mathrm{j}\omega \varepsilon_0 \omega_p^2 \boldsymbol{E} \tag{3.127}$$

对式(3.127)应用算子过渡关系 $\mathrm{j}\omega \to \partial / \partial t$, 然后等号两边对时间积分并忽略常数项,得

$$\frac{\partial \boldsymbol{J}_p}{\partial t} + \nu_c \boldsymbol{J}_p = \varepsilon_0 \omega_p^2 \boldsymbol{E} \tag{3.128}$$

式(3.128)离散后,得

$$\boldsymbol{J}_p^{n+1} = k_p \boldsymbol{J}_p^n + \beta_p (\boldsymbol{E}^{n+1} + \boldsymbol{E}^n) \tag{3.129}$$

式中,

$$k_p = \frac{2 - \nu_c \Delta t}{2 + \nu_c \Delta t} \tag{3.130}$$

$$\beta_p = \frac{\varepsilon_0 \omega_p^2 \Delta t}{2 + \nu_c \Delta t} \tag{3.131}$$

根据式(3.125)的离散化形式

$$\left[\nabla \times \boldsymbol{H} \right]^{n+1/2} = \varepsilon_0 \varepsilon_\infty \frac{\boldsymbol{E}^{n+1} - \boldsymbol{E}^n}{\Delta t} + \sigma \frac{\boldsymbol{E}^{n+1} + \boldsymbol{E}^n}{2} + \frac{\boldsymbol{J}_p^{n+1} + \boldsymbol{J}_p^n}{2} \tag{3.132}$$

将式(3.129)代入式(3.132),得 ADE - FDTD 的电场迭代公式为

$$\boldsymbol{E}^{n+1} = \mathrm{CA} \times \boldsymbol{E}^n + \mathrm{CB} \times \left[\nabla \times \boldsymbol{H} \right]^{n+1/2} + \mathrm{CC} \times \boldsymbol{J}_p^n \tag{3.133}$$

式中,

$$\begin{cases} CA = \dfrac{2\varepsilon_0\varepsilon_\infty - \sigma\Delta t - \beta_p\Delta t}{2\varepsilon_0\varepsilon_\infty + \sigma\Delta t + \beta_p\Delta t} \\[3mm] CB = \dfrac{2\Delta t}{2\varepsilon_0\varepsilon_\infty + \sigma\Delta t + \beta_p\Delta t} \\[3mm] CC = \dfrac{-\Delta t(1 + k_p)}{2\varepsilon_0\varepsilon_\infty + \sigma\Delta t + \beta_p\Delta t} \end{cases} \tag{3.134}$$

至此,Drude 介质的 ADE - FDTD 算法计算步骤如下所示。

(1) $\boldsymbol{E} \to \boldsymbol{H}$,由常规 FDTD 迭代公式计算。

(2) $\boldsymbol{E} \to \boldsymbol{J}_p$,由式(3.129)计算。

(3) $\boldsymbol{H}, \boldsymbol{J}_p \to \boldsymbol{E}$,式(3.133)计算。

(4) 重复步骤(1)。

而高阶 ADE - FDTD(2,4)算法差分格式为式(3.135)和式(3.136),符号"(2,4)"是指 ADE - FDTD(2,4)算法只需要在 ADE - FDTD 的计算步骤(1)和步骤(3)时,对其中的空间一阶偏导采用式(3.92)的差分格式即可。

$$\boldsymbol{H}^{n+1/2} = CP \times \boldsymbol{H}^{n-1/2} - CQ \times \left[\nabla \times \boldsymbol{E}\right]_{(2,4)}^{n} \tag{3.135}$$

$$\boldsymbol{E}^{n+1} = CA \times \boldsymbol{E}^{n} + CB \times \left[\nabla \times \boldsymbol{H}\right]_{(2,4)}^{n+1/2} + CC \times \boldsymbol{J}_p^{n} \tag{3.136}$$

需要注意的是,在应用 ADE - FDTD 或者高阶 ADE - FDTD(2,4)算法时,对于等离子体网格,取 $\varepsilon_\infty = 1$, $\sigma = 0$;对于介质或金属(非等离子体)网格,取 $\varepsilon_\infty = \varepsilon_r$, $\omega_p = 0$, $\nu_c = 0$。这是因为等离子体的相对介电常数已经用等离子体频率和碰撞频率表示成复数的形式,因而取 $\sigma = 0$;而对于非等离子体网格,取 $\varepsilon_\infty = \varepsilon_r$, $\omega_p = 0$, $\nu_c = 0$,则根据式(3.129)~式(3.131),有 $k_p = 1$, $\beta_p = 0$,且 $\boldsymbol{J}_p^{n+1} \equiv \boldsymbol{J}_p^{n} \equiv 0$(初始值),则式(3.133)退化成非色散介质 FDTD 的电场迭代基本公式。这样就可以对等离子体网格以及非等离子体网格进行统一处理。

为了验证高阶 ADE - FDTD(2,4)的准确性,本节分别利用 Mie 理论、ADE - FDTD 以及高阶 ADE - FDTD(2,4)算法计算了等离子体频率 $\omega_p = 1.8 \times 10^{11}$ rad/s、碰撞频率 $\nu_c = 2.0 \times 10^{10}$ Hz、半径为 1 m 的等离子体球的 H 面双站散射特性。入射电磁波频率为 5 GHz,FDTD 网格剖分尺寸为 0.003 75 m,时间步长为 11 600 步。半径 1 m 的等离子体球的 H 面双站散射特性如图 3.28 所示,高阶 ADE - FDTD(2,4)相较于 ADE - FDTD 算法,与 Mie 理论计算结果吻合得更好。

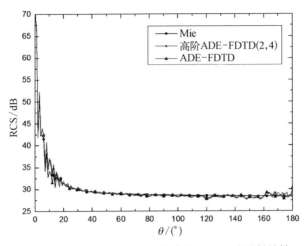

图 3.28　半径 **1 m** 的等离子体球的 *H* 面双站散射特性

3.2　磁化等离子体的 FDTD 算法

3.2.1　磁化等离子体的电流密度递归卷积方法

对于各向异性磁化等离子体,麦克斯韦和等离子体的关联方程[108]为

$$\nabla \times \boldsymbol{H} = \varepsilon_0 \frac{\partial \boldsymbol{E}}{\partial t} + \boldsymbol{J} \qquad (3.137)$$

$$\nabla \times \boldsymbol{E} = -\mu_0 \frac{\partial \boldsymbol{H}}{\partial t} \qquad (3.138)$$

$$\frac{\partial \boldsymbol{J}}{\partial t} + \nu \boldsymbol{J} = \varepsilon_0 \omega_p^2 \boldsymbol{E} + \omega_b \times \boldsymbol{J} \qquad (3.139)$$

式中, $\boldsymbol{J}$ 为电流强度; $\omega_b = e/m$ 为电子回旋频率。我们假设外磁场沿直角坐标的 $+z$ 方向,则式(3.139)可写为

$$\frac{\mathrm{d}J_x}{\mathrm{d}t} + \nu J_x = \varepsilon_0 \omega_p^2 E_x - \omega_b J_y \qquad (3.140)$$

$$\frac{\mathrm{d}J_y}{\mathrm{d}t} + \nu J_y = \varepsilon_0 \omega_p^2 E_y + \omega_b J_x \qquad (3.141)$$

$$\frac{\mathrm{d}J_z}{\mathrm{d}t} + \nu J_z = \varepsilon_0 \omega_p^2 E_z \tag{3.142}$$

在式(3.140)和式(3.141)中,电流密度的两个分量相互耦合,因此电流密度两个分量的 FDTD 迭代方程必须同时求解,式(3.140)可转化到频域,得到

$$J_x(\omega) = \frac{\varepsilon_0 \omega_p^2}{\mathrm{j}\omega + \nu} E_x(\omega) - \frac{\omega_b}{\mathrm{j}\omega + \nu} J_y(\omega) \tag{3.143}$$

式(3.143)转化为时域可以得到

$$J_x(t) = \int_0^t \sigma(t - \tau) E_x(\tau) \mathrm{d}\tau - \int_0^t \xi(t - \tau) J_y(\tau) \mathrm{d}\tau \tag{3.144}$$

式中,

$$\sigma(t) = \varepsilon_0 \omega_p^2 \exp(-\nu t), \quad t > 0 \tag{3.145}$$

$$\xi(t) = \omega_b \exp(-\nu t), \quad t > 0 \tag{3.146}$$

取 $t = (n + 1/2)\Delta t$ 时刻得

$$
\begin{aligned}
J_x^{n+1/2} &= \mathrm{e}^{-\nu(n+1/2)\Delta t} \int_0^{(n+1/2)\Delta t} \mathrm{e}^{\nu\tau} [\varepsilon_0 \omega_p^2 E_x(\tau) - \omega_b J_y(\tau)] \mathrm{d}\tau \\
&= \mathrm{e}^{-\nu(n+1/2)\Delta t} \left\{ \int_0^{(n-1/2)\Delta t} \mathrm{e}^{\nu\tau} [\varepsilon_0 \omega_p^2 E_x(\tau) - \omega_b J_y(\tau)] \mathrm{d}\tau \right. \\
&\quad \left. + \int_{(n-1/2)\Delta t}^{(n+1/2)\Delta t} \mathrm{e}^{\nu\tau} [\varepsilon_0 \omega_p^2 E_x(\tau) - \omega_b J_y(\tau)] \mathrm{d}\tau \right\}
\end{aligned}
\tag{3.147}
$$

取 $t = (n - 1/2)\Delta t$ 时刻得

$$J_x^{n-1/2} = \mathrm{e}^{-\nu(n-1/2)\Delta t} \int_0^{(n+1/2)\Delta t} \mathrm{e}^{\nu\tau} [\varepsilon_0 \omega_p^2 E_x(\tau) - \omega_b J_y(\tau)] \mathrm{d}\tau \tag{3.148}$$

由式(3.147)和式(3.148)可得到

$$
\begin{aligned}
J_x^{n+1/2} &= \mathrm{e}^{-\nu\Delta t} J_x^{n-1/2} + \mathrm{e}^{-\nu(n+1/2)\Delta t} \\
&\quad \times \int_{(n-1/2)\Delta t}^{(n+1/2)\Delta t} \mathrm{e}^{\nu\tau} [\varepsilon_0 \omega_p^2 E_x(\tau) - \omega_b J_y(\tau)] \mathrm{d}\tau
\end{aligned}
\tag{3.149}
$$

令

$$f(\tau) = \mathrm{e}^{\nu\tau} [\varepsilon_0 \omega_p^2 E_x(\tau) - \omega_b J_y(\tau)] \tag{3.150}$$

则式(3.149)可变为

$$J_x^{n+1/2} = \mathrm{e}^{-\nu\Delta t} J_x^{n-1/2} + \mathrm{e}^{-\nu(n+1/2)\Delta t} \times \int_{(n-1/2)\Delta t}^{(n+1/2)\Delta t} f(\tau)\mathrm{d}\tau \qquad (3.151)$$

式(3.151)中的积分项用泰勒级数展开可以写为

$$\int_{(n-1/2)\Delta t}^{(n+1/2)\Delta t} f(\tau)\mathrm{d}\tau = \int_{(n-1/2)\Delta t}^{(n+1/2)\Delta t} \big[f(n\Delta t) + f^{(1)}(n\Delta t)(\tau - n\Delta t)$$

$$+ f^{(2)}(n\Delta t)\frac{(\tau - n\Delta t)^2}{2} + O(\Delta t^3) \big]\mathrm{d}\tau$$

$$= \Delta t\mathrm{e}^{\nu\Delta t}\big[\varepsilon_0\omega_p^2 E_x(n\Delta t) - \omega_b J_y(n\Delta t) \big] + O(\Delta t^3) \qquad (3.152)$$

将式(3.152)代入式(3.151)中可以得到

$$J_x^{n+1/2} = \mathrm{e}^{-\nu\Delta t} J_x^{n-1/2} + \Delta t\mathrm{e}^{-\nu\Delta t/2}\Big[\varepsilon_0\omega_p^2 E_x^n - \frac{\omega_b}{2}(J_y^{n+1/2} + J_y^{n-1/2}) \Big] \qquad (3.153)$$

同样处理式(3.141)可以得到

$$J_y^{n+1/2} = \mathrm{e}^{-\nu\Delta t} J_y^{n-1/2} + \Delta t\mathrm{e}^{-\nu\Delta t/2}\Big[\varepsilon_0\omega_p^2 E_y^n + \frac{\omega_b}{2}(J_x^{n+1/2} + J_x^{n-1/2}) \Big] \qquad (3.154)$$

我们研究三维情况时,各向异性磁化等离子体的 FDTD 差分格式,取电场 E 的值位于整数的时间步,磁场 H 和电流密度 J 位于半个时间步,并且取 J 分量与 E 分量的位置相同,对式(3.137)进行中心差分近似可以得到

$$E^{n+1} = E^n + \frac{\Delta t}{\varepsilon_0}(\nabla \times H)^{n+1/2} - \frac{\Delta t}{\varepsilon_0} J^{n+1/2} \qquad (3.155)$$

由式(3.153)和式(3.154)可以得到 J_x 和 J_y 的迭代公式:

$$J_x \mid_{i+1/2,j,k}^{n+1/2} = \frac{(4 - \omega_b^2\Delta t^2)\mathrm{e}^{-\nu\Delta t}}{4C_0} J_x \mid_{i+1/2,j,k}^{n-1/2} + \frac{\varepsilon_0\omega_p^2\Delta t\mathrm{e}^{-\nu\Delta t/2}}{C_0} E_x \mid_{i+1/2,j,k}^{n}$$

$$- \frac{\omega_b\Delta t\mathrm{e}^{-\nu\Delta t/2}}{2C_0}(1 + \mathrm{e}^{-\nu\Delta t}) J_y \mid_{i+1/2,j,k}^{n-1/2} - \frac{\varepsilon_0\omega_b\omega_p^2\Delta t^2\mathrm{e}^{-\nu\Delta t}}{2C_0} E_y \mid_{i+1/2,j,k}^{n}$$

$$(3.156)$$

$$J_y \mid_{i+1/2,j,k}^{n+1/2} = \frac{(4 - \omega_b^2\Delta t^2)\mathrm{e}^{-\nu\Delta t}}{4C_0} J_y \mid_{i+1/2,j,k}^{n-1/2} + \frac{\varepsilon_0\omega_p^2\Delta t\mathrm{e}^{-\nu\Delta t/2}}{C_0} E_y \mid_{i+1/2,j,k}^{n}$$

$$+ \frac{\omega_b\Delta t\mathrm{e}^{-\nu\Delta t/2}}{2C_0}(1 + \mathrm{e}^{-\nu\Delta t}) J_x \mid_{i+1/2,j,k}^{n-1/2} + \frac{\varepsilon_0\omega_b\omega_p^2\Delta t^2\mathrm{e}^{-\nu\Delta t}}{2C_0} E_x \mid_{i+1/2,j,k}^{n}$$

$$(3.157)$$

用同样方法可以得到 J_z 的迭代格式:

$$J_z\mid_{i+1/2,\,j,\,k}^{n+1/2}=\frac{(4-\omega_b^2\Delta t^2)\,\mathrm{e}^{-\nu\Delta t}}{4C_0}J_z\mid_{i+1/2,\,j,\,k}^{n-1/2}+\frac{\varepsilon_0\omega_p^2\Delta t\mathrm{e}^{-\nu\Delta t/2}}{C_0}E_z\mid_{i+1/2,\,j,\,k}^{n}$$

$$(3.158)$$

式中,$C_0=1+\dfrac{\omega_b^2\Delta t^2}{4}\mathrm{e}^{-\nu\Delta t}$,特别需要注意的是,FDTD 中 E_y 的采样点在 $(i,\,j+1/2,\,k)$,因此式(3.156)中的 $E_y\mid_{i+1/2,\,j,\,k}^{n}$ 和 $J_y\mid_{i+1/2,\,j,\,k}^{n-1/2}$ 分别用周围的 4 点进行平均,即

$$E_y\mid_{i+1/2,\,j,\,k}^{n}=\frac{1}{4}\big[E_y\mid_{i,\,j+1/2,\,k}^{n}+E_y\mid_{i,\,j\,1/2,\,k}^{n}+E_y\mid_{i+1,\,j+1/2,\,k}^{n}+E_y\mid_{i+1,\,j-1/2,\,k}^{n}\big]$$

$$(3.159)$$

$$J_y\mid_{i+1/2,\,j,\,k}^{n}=\frac{1}{4}\big[J_y\mid_{i,\,j+1/2,\,k}^{n}+J_y\mid_{i,\,j-1/2,\,k}^{n}+J_y\mid_{i+1,\,j+1/2,\,k}^{n}+J_y\mid_{i+1,\,j-1/2,\,k}^{n}\big]$$

$$(3.160)$$

将式(3.159)和式(3.160)代入式(3.156)中可以得到

$$J_x\mid_{i+1/2,\,j,\,k}^{n+1/2}=\frac{(4-\omega_b^2\Delta t^2)\,\mathrm{e}^{-\nu\Delta t}}{4C_0}J_x\mid_{i+1/2,\,j,\,k}^{n-1/2}+\frac{\varepsilon_0\omega_p^2\Delta t\mathrm{e}^{-\nu\Delta t/2}}{C_0}E_x\mid_{i+1/2,\,j,\,k}^{n}$$

$$-\frac{\omega_b\Delta t\mathrm{e}^{-\nu\Delta t/2}}{8C_0}(1+\mathrm{e}^{-\nu\Delta t})(J_y\mid_{i,\,j+1/2,\,k}^{n}+J_y\mid_{i,\,j-1/2,\,k}^{n}+J_y\mid_{i+1,\,j+1/2,\,k}^{n}$$

$$+J_y\mid_{i+1,\,j-1/2,\,k}^{n})-\frac{\varepsilon_0\omega_b\omega_p^2\Delta t^2\mathrm{e}^{-\nu\Delta t}}{8C_0}(E_y\mid_{i,\,j+1/2,\,k}^{n}+E_y\mid_{i,\,j-1/2,\,k}^{n}$$

$$+E_y\mid_{i+1,\,j+1/2,\,k}^{n}+E_y\mid_{i+1,\,j-1/2,\,k}^{n})$$

$$(3.161)$$

采用和 J_x 相同的处理方式,可得到 J_y 的迭代格式,如下:

$$J_y\mid_{i+1/2,\,j,\,k}^{n+1/2}=\frac{(4\omega_b^2\Delta t^2)\,\mathrm{e}^{\nu\Delta t}}{4C_0}J_y\mid_{i+1/2,\,j,\,k}^{n+1/2}+\frac{\varepsilon_0\omega_p^2\Delta t\mathrm{e}^{\nu\Delta t/2}}{C_0}E_y\mid_{i+1/2,\,j,\,k}^{n}$$

$$+\frac{\omega_b\Delta t\mathrm{e}^{\nu\Delta t/2}}{8C_0}(1+\mathrm{e}^{\nu\Delta t})(J_x\mid_{i,\,j+1/2,\,k}^{n}+J_x\mid_{i,\,j-1/2,\,k}^{n}+J_x\mid_{i+1,\,j+1/2,\,k}^{n}$$

$$+ J_x \mid_{i+1, j-1/2, k}^{n}) + \frac{\varepsilon_0 \omega_b \omega_p^2 \Delta t^2 \mathrm{e}^{\nu \Delta t}}{8 C_0}(E_x \mid_{i+1/2, j, k}^{n} + E_x \mid_{i-1/2, j, k}^{n}$$

$$+ E_x \mid_{i+1/2, j+1, k}^{n} + E_x \mid_{i-1/2, j+1, k}^{n}) \tag{3.162}$$

磁场 H 的迭代公式与普通 FDTD 迭代公式相同。

3.2.2　任意磁偏角的磁化等离子体算法

为了将其推广到任意磁偏角的等离子体情形,我们考虑一般情况,设外磁场为任意方向,用三维矢量表示 ω_b,即 $\omega_b = \mid \boldsymbol{x}\omega_x + \boldsymbol{y}\omega_y + \boldsymbol{z}\omega_z \mid$。

为了便于采用 FDTD 迭代,我们令电流密度分量空间节点和电场分量空间节点位于同一节点,而且电流密度分量位于半个时间步,由此我们对式(3.137)采用中心差分近似代替微商,可以得到电场 FDTD 迭代方程:

$$E_x^{n+1}(i, j, k) = E_x^n(i, j, k) - \frac{\Delta t}{\varepsilon_0 \delta} \left[H_z^{n+1/2}\left(i + \frac{1}{2}, j + \frac{1}{2}, k\right) \right.$$

$$- H_z^{n+1/2}\left(i + \frac{1}{2}, j - \frac{1}{2}, k\right) - H_y^{n+1/2}\left(i + \frac{1}{2}, j, k + \frac{1}{2}\right)$$

$$\left. + H_y^{n+1/2}\left(i + \frac{1}{2}, j, k - \frac{1}{2}\right) \right] - \frac{\Delta t}{\varepsilon_0} J_x^{n+1/2} \tag{3.163}$$

$$E_y^{n+1}(i, j, k) = E_y^n(i, j, k) - \frac{\Delta t}{\varepsilon_0 \delta} \left[H_x^{n+1/2}\left(i + \frac{1}{2}, j + \frac{1}{2}, k\right) \right.$$

$$- H_x^{n+1/2}\left(i + \frac{1}{2}, j - \frac{1}{2}, k\right) - H_z^{n+1/2}\left(i + \frac{1}{2}, j, k + \frac{1}{2}\right)$$

$$\left. + H_z^{n+1/2}\left(i + \frac{1}{2}, j, k - \frac{1}{2}\right) \right] - \frac{\Delta t}{\varepsilon_0} J_y^{n+1/2} \tag{3.164}$$

$$E_z^{n+1}(i, j, k) = E_z^n(i, j, k) - \frac{\Delta t}{\varepsilon_0 \delta} \left[H_y^{n+1/2}\left(i + \frac{1}{2}, j + \frac{1}{2}, k\right) \right.$$

$$- H_y^{n+1/2}\left(i + \frac{1}{2}, j - \frac{1}{2}, k\right) - H_x^{n+1/2}\left(i + \frac{1}{2}, j, k + \frac{1}{2}\right)$$

$$\left. + H_x^{n+1/2}\left(i + \frac{1}{2}, j, k - \frac{1}{2}\right) \right] - \frac{\Delta t}{\varepsilon_0} J_z^{n+1/2} \tag{3.165}$$

磁场的迭代公式与真空中迭代公式相同。要采用 FDTD 进行计算,必须给

出合适的 $J_x^{n+1/2}$、$J_y^{n+1/2}$、$J_z^{n+1/2}$ 的迭代公式。由式(3.139)可以得到各分量：

$$
\begin{cases}
\dfrac{\partial J_x}{\partial t} + \nu J_x = \varepsilon_0 \omega_p^2 E_x + \omega_y J_z - \omega_z J_y \\[3mm]
\dfrac{\partial J_y}{\partial t} + \nu J_y = \varepsilon_0 \omega_p^2 E_y + \omega_z J_x - \omega_x J_z \\[3mm]
\dfrac{\partial J_z}{\partial t} + \nu J_z = \varepsilon_0 \omega_p^2 E_z + \omega_x J_y - \omega_y J_x
\end{cases}
\tag{3.166}
$$

从式(3.166)我们发现电流密度三个分量互相耦合,因此,电流密度的三个分量必须同时求解,根据式(3.166)我们可以得到其频域关系：

$$
\begin{cases}
J_x = \dfrac{\varepsilon_0 \omega_p^2}{j\omega + \nu} E_x + \dfrac{\omega_p}{j\omega + \nu} J_z - \dfrac{\omega_x}{j\omega + \nu} J_y \\[3mm]
J_y = \dfrac{\varepsilon_0 \omega_p^2}{j\omega + \nu} E_y + \dfrac{\omega_p}{j\omega + \nu} J_x - \dfrac{\omega_x}{j\omega + \nu} J_z \\[3mm]
J_z = \dfrac{\varepsilon_0 \omega_p^2}{j\omega + \nu} E_z + \dfrac{\omega_p}{j\omega + \nu} J_y - \dfrac{\omega_x}{j\omega + \nu} J_x
\end{cases}
\tag{3.167}
$$

我们先研究 J_x 分量,取式(3.167)中的第一式的傅里叶逆变换,可得

$$
J_x(t) = \varepsilon_0 \omega_p^2 \int_0^t e^{-\nu(t-\tau)} E_x(\tau)\,\mathrm{d}\tau + \omega_y \int_0^t e^{-\nu(t-\tau)} J_z(\tau)\,\mathrm{d}\tau - \omega_z \int_0^t e^{-\nu(t-\tau)} J_y(\tau)\,\mathrm{d}\tau
\tag{3.168}
$$

式中,取 $t = (n+1/2)\Delta t$ 则有

$$
\begin{aligned}
J_x^{n+1/2} &= \varepsilon_0 \omega_p^2 \int_0^{(n+1/2)\Delta t} e^{-\nu[(n+1/2)\Delta t - \tau]} E_x(\tau)\,\mathrm{d}\tau + \omega_y \int_0^{(n+1/2)\Delta t} e^{-\nu[(n+1/2)\Delta t - \tau]} J_z(\tau)\,\mathrm{d}\tau \\
&\quad - \omega_z \int_0^{(n+1/2)\Delta t} e^{-\nu[(n+1/2)\Delta t - \tau]} J_y(\tau)\,\mathrm{d}\tau \\
&= \varepsilon_0 \omega_p^2 e^{-\nu(n+1/2)\Delta t} \left(\int_0^{(n-1/2)\Delta t} + \int_{(n-1/2)\Delta t}^{(n+1/2)\Delta t} \right) e^{\nu\tau} E_x(\tau)\,\mathrm{d}\tau \\
&\quad + \omega_y e^{-\nu(n+1/2)\Delta t} \int_0^{(n-1/2)\Delta t} e^{\nu\tau} J_z(\tau)\,\mathrm{d}\tau + \omega_y e^{-\nu(n+1/2)\Delta t} \int_{(n-1/2)\Delta t}^{(n+1/2)\Delta t} e^{\nu\tau} J_z(\tau)\,\mathrm{d}\tau \\
&\quad - \omega_z e^{-\nu(n+1/2)\Delta t} \int_0^{(n-1/2)\Delta t} e^{\nu\tau} J_y(\tau)\,\mathrm{d}\tau - \omega_z e^{-\nu(n+1/2)\Delta t} \int_{(n-1/2)\Delta t}^{(n+1/2)\Delta t} e^{\nu\tau} J_y(\tau)\,\mathrm{d}\tau
\end{aligned}
\tag{3.169}
$$

同样我们可以得到

$$J_x^{n-1/2} = \varepsilon_0 \omega_p^2 \int_0^{(n+1/2)\Delta t} \mathrm{e}^{-\nu[(n+1/2)\Delta t - \tau]} E_x(\tau) \mathrm{d}\tau + \omega_y \int_0^{(n+1/2)\Delta t} \mathrm{e}^{-\nu[(n+1/2)\Delta t - \tau]} J_z(\tau) \mathrm{d}\tau$$

$$- \omega_z \int_0^{(n+1/2)\Delta t} \mathrm{e}^{-\nu[(n+1/2)\Delta t - \tau]} J_y(\tau) \mathrm{d}\tau \tag{3.170}$$

我们把式(3.170)代入式(3.169)中可以得到

$$J_x^{n+1/2} = \mathrm{e}^{-\nu\Delta t} J_x^{n-1/2} + \varepsilon_0 \omega_p^2 \mathrm{e}^{-\nu(n+1/2)\Delta t} \int_{(n-1/2)\Delta t}^{(n+1/2)\Delta t} \mathrm{e}^{\nu\tau} E_x(\tau) \mathrm{d}\tau$$

$$+ \omega_y \mathrm{e}^{-\nu(n+1/2)\Delta t} \int_{(n-1/2)\Delta t}^{(n+1/2)\Delta t} \mathrm{e}^{\nu\tau} J_z(\tau) \mathrm{d}\tau - \omega_z \int_{(n-1/2)\Delta t}^{(n+1/2)\Delta t} \mathrm{e}^{-\nu[(n-1/2)\Delta t - \tau]} J_y(\tau) \mathrm{d}\tau \tag{3.171}$$

式(3.171)中积分项采用中心近似可以得到迭代式:

$$J_x^{n+1/2} = \mathrm{e}^{-\nu\Delta t} J_x^{n-1/2} + \varepsilon_0 \omega_p^2 \Delta t \mathrm{e}^{-\nu\Delta t/2} E_x^n + \frac{1}{2}\Delta t \omega_y (\mathrm{e}^{-\nu\Delta t} J_z^{n-1/2} + J_z^{n+1/2})$$

$$- \frac{1}{2}\Delta t \omega_z (\mathrm{e}^{-\nu\Delta t} J_y^{n-1/2} + J_y^{n+1/2}) \tag{3.172}$$

我们用同样方法处理可以得到 $J_y^{n+1/2}$ 和 $J_z^{n+1/2}$ 的迭代方程:

$$J_y^{n+1/2} = \mathrm{e}^{-\nu\Delta t} J_y^{n-1/2} + \varepsilon_0 \omega_p^2 \Delta t \mathrm{e}^{-\nu\Delta t/2} E_y^n + \frac{1}{2}\Delta t \omega_z (\mathrm{e}^{-\nu\Delta t} J_x^{n-1/2} + J_x^{n+1/2})$$

$$- \frac{1}{2}\Delta t \omega_x (\mathrm{e}^{-\nu\Delta t} J_z^{n-1/2} + J_z^{n+1/2}) \tag{3.173}$$

$$J_z^{n+1/2} = \mathrm{e}^{-\nu\Delta t} J_z^{n-1/2} + \varepsilon_0 \omega_p^2 \Delta t \mathrm{e}^{-\nu\Delta t/2} E_z^n + \frac{1}{2}\Delta t \omega_x (\mathrm{e}^{-\nu\Delta t} J_y^{n-1/2} + J_y^{n+1/2})$$

$$- \frac{1}{2}\Delta t \omega_y (\mathrm{e}^{-\nu\Delta t} J_x^{n-1/2} + J_x^{n+1/2}) \tag{3.174}$$

　　从式(3.172)~式(3.174)的迭代方程中,我们可以发现,每个式子中都还有下一时刻的分量,这样在程序计算时,将无法进行 FDTD 迭代计算。为了解决这一问题我们联立式(3.173)和式(3.174)可以消掉 $J_z^{n+1/2}$ 分量则可以得到 $J_x^{n+1/2}$、$J_y^{n+1/2}$ 的关系:

$$J_y^{n+1/2}\left(1 + \frac{\omega_x^2 \Delta t^2}{4}\right) = \left(1 - \frac{\omega_x^2 \Delta t^2}{4}\right)\mathrm{e}^{-\nu\Delta t} J_y^{n-1/2} + \varepsilon_0 \omega_p^2 \Delta t \mathrm{e}^{-\nu\Delta t/2} E_y^n - \frac{\omega_x \Delta t}{2}\varepsilon_0 \omega_p^2 \Delta t \mathrm{e}^{-\nu\Delta t/2} E_z^n$$

$$+ \left(\frac{\Delta t \omega_z}{2} + \frac{\omega_x \omega_y \Delta t^2}{4} \right) \left(e^{-\nu \Delta t} J_x^{n-1/2} + J_x^{n+1/2} \right) - \Delta t \omega_x e^{-\nu \Delta t} J_z^{n-1/2}$$

$$(3.175)$$

我们令 $C_0 = 1 + \dfrac{\omega_x^2 \Delta t^2}{4}$，则可以得到

$$J_y^{n+1/2} = \frac{1}{C_0} \left[\left(1 - \frac{\omega_x^2 \Delta t^2}{4} \right) e^{-\nu \Delta t} J_y^{n-1/2} + \varepsilon_0 \omega_p^2 \Delta t e^{-\nu \Delta t/2} E_y^n - \frac{\omega_x \Delta t}{2} \varepsilon_0 \omega_p^2 \Delta t e^{-\nu \Delta t/2} E_z^n \right.$$

$$\left. + \left(\frac{\Delta t \omega_z}{2} + \frac{\omega_x \omega_y \Delta t^2}{4} \right) \left(e^{-\nu \Delta t} J_x^{n-1/2} + J_x^{n+1/2} \right) - \Delta t \omega_x e^{-\nu \Delta t} J_z^{n-1/2} \right] \quad (3.176)$$

我们把式(3.173)和式(3.176)代入式(3.171)中并整理可以得到

$$J_x^{n+1/2} = \frac{1}{C_1} \left[1 - \frac{\omega_y^2 \Delta t^2}{4} + \left(\frac{\omega_x \omega_y \Delta t^2}{4} - \frac{\Delta t \omega_z}{2} \right) \left(\frac{\omega_z \Delta t}{2 C_0} + \frac{\omega_x \omega_y \Delta t^2}{4 C_0} \right) \right] e^{-\nu \Delta t} J_x^{n-1/2}$$

$$+ \frac{1}{C_1} \varepsilon_0 \omega_p^2 \Delta t e^{-\nu \Delta t/2} E_x^n + \frac{1}{C_0 C_1} \left(\frac{\omega_x \omega_y \Delta t^2}{4} - \frac{\Delta t \omega_z}{2} \right) \varepsilon_0 \omega_p^2 \Delta t e^{-\nu \Delta t/2} E_y^n$$

$$+ \frac{1}{C_1} \left[\frac{\omega_y \Delta t^2 \varepsilon_0 \omega_p^2 \Delta t e^{-\nu \Delta t/2}}{2} - \frac{\omega_x \Delta t \varepsilon_0 \omega_p^2 \Delta t e^{-\nu \Delta t/2}}{2 C_0} \left(\frac{\omega_x \omega_y \Delta t^2}{4} - \frac{\Delta t \omega_z}{2} \right) \right] E_z^n$$

$$+ \frac{1}{C_1} \left(\frac{\omega_x \omega_y \Delta t^2}{4} - \frac{\Delta t \omega_z}{2} \right) \left(1 + \frac{1}{C_0} - \frac{\omega_x^2 \Delta t^2}{4} \right) e^{-\nu \Delta t/2} J_y^{n-1/2}$$

$$+ \frac{1}{C_1} \left[\omega_y \Delta t - \frac{\omega_x \Delta t}{C_0} \left(\frac{\omega_x \omega_y \Delta t^2}{4} - \frac{\Delta t \omega_z}{2} \right) \right] e^{-\nu \Delta t} J_z^{n-1/2} \quad (3.177)$$

式中，

$$C_1 = 1 + \frac{\omega_y^2 \Delta t^2}{4} - \left(\frac{\omega_x \omega_y \Delta t^2}{4} - \frac{\Delta t \omega_z}{2} \right) \left(\frac{\omega_z \Delta t}{2 C_0} + \frac{\omega_x \omega_y \Delta t^2}{4 C_0} \right) \quad (3.178)$$

式(3.177)等号右边不含有将来时刻的场量，因此是显式迭代，可以用来迭代求解 $J_x^{n+1/2}$，在得到 $J_x^{n+1/2}$ 后，可以根据式(3.176)求得 $J_y^{n+1/2}$ 的值，然后可以用式(3.174)得到 $J_z^{n+1/2}$。

特别需要注意的是，电流密度分量空间节点和电场分量空间节点位于同一节点，所以对于式(3.177)，$J_x^{n+1/2}$ 空间节点为 $(i + 1/2, j, k)$，要想得到 $J_x^{n+1/2}$ 的值，需要用到 $E_y^n(i + 1/2, j, k)$、$J_y^{n-1/2}(i + 1/2, j, k)$、$E_z^n(i, j, k + 1/2)$ 和 $J_z^{n-1/2}(i, j, k + 1/2)$ 的值，而这些值均不在 Yee 元胞相应分量的节点位置，这时

需按照 Yee 元胞中场分量节点位置应用空间插值:

$$
\begin{aligned}
E_y^n(i+1/2,\,j,\,k) = \frac{1}{4}\big[&E_y^n(i,\,j-1/2,\,k) + E_y^n(i,\,j+1/2,\,k) \\
&+ E_y^n(i+1,\,j-1/2,\,k) + E_y^n(i+1,\,j+1/2,\,k) \big]
\end{aligned} \tag{3.179}
$$

$$
\begin{aligned}
J_y^{n-1/2}(i+1/2,\,j,\,k) = \frac{1}{4}\big[&J_y^{n-1/2}(i,\,j-1/2,\,k) + J_y^{n-1/2}(i,\,j+1/2,\,k) \\
&+ J_y^{n-1/2}(i+1,\,j-1/2,\,k) + J_y^{n-1/2}(i+1,\,j+1/2,\,k) \big]
\end{aligned}
$$
$$\tag{3.180}$$

$$
\begin{aligned}
E_z^n(i,\,j,\,k+1/2) = \frac{1}{4}\big[&E_z^n(i,\,j,\,k-1/2) + E_z^n(i,\,j,\,k+1/2) \\
&+ E_z^n(i+1,\,j,\,k-1/2) + E_z^n(i+1,\,j,\,k+1/2) \big]
\end{aligned} \tag{3.181}
$$

$$
\begin{aligned}
J_z^{n-1/2}(i,\,j,\,k+1/2) = \frac{1}{4}\big[&J_z^{n-1/2}(i,\,j,\,k-1/2) + J_z^{n-1/2}(i,\,j,\,k+1/2) \\
&+ J_z^{n-1/2}(i+1,\,j,\,k-1/2) + J_z^{n-1/2}(i+1,\,j,\,k+1/2) \big]
\end{aligned}
$$
$$\tag{3.182}$$

3.3　等离子体鞘套 FDTD 算法的稳定性及算法验证

3.3.1　算法的稳定性分析

等离子体鞘套中等离子体频率以及碰撞频率在空间上具有非均匀、不连续特点,例如,驻点区由于温度、压强、中性粒子以及电子数密度具有最大值,因此驻点区等离子体频率与碰撞频率同样具有最大值,而驻点区以外的区域等离子体频率与碰撞频率通常比驻点区小几个数量级。与此同时,等离子体鞘套中等离子体频率以及碰撞频率在时间上也具有较大的差异,不同时刻下的飞行场景(主要包括飞行马赫数与飞行高度)所产生的等离子体频率与碰撞频率的大小具有很大的不同。通常认为,高马赫数与低空所产生的等离子体频率与碰撞频率较大,随着马赫数的减小以及高度的增加,等离子体频率与碰撞频率具有减小的趋势。等离子体频率与碰撞频率的随空间分布的不连续、非均匀特性对色散介质 FDTD 算法的数值稳定性提出了严峻的挑战,必须合理地选择计算方法及其空间与时间步长避免数值结果发散。

传统 FDTD 算法受到 Courant 稳定性条件的限制,即时间步长不能大于一定值。由于色散介质 FDTD 算法相对于传统 FDTD 算法更加复杂,因此数值稳定性条件更加严格。同时,采用色散介质 FDTD 算法计算均匀色散介质时,只需满足单一介电系数的数值稳定性条件,即满足一组等离子体频率与碰撞频率的组合。等离子体鞘套中的等离子体频率与碰撞频率在不同空间位置上具有不同的组合。

在色散介质 FDTD 算法中,忽略初始条件与边界条件,并且假设为一维情况,电磁场可以写为

$$
\begin{bmatrix} H^n(m) \\ D^n(m) \\ E^n(m) \end{bmatrix} = \begin{bmatrix} \tilde{h} \\ \tilde{d} \\ \tilde{e} \end{bmatrix} \zeta^n \mathrm{e}^{jkm\Delta}
\tag{3.183}
$$

式中,复向量 $\tilde{x} = \{\tilde{h}, \tilde{d}, \tilde{e}\}^{\mathrm{T}}$ 为麦克斯韦方程差分近似形式的特征向量;ζ 为复时间特征值,其模值 $|\zeta|$ 决定偏微分方程数值算法的稳定性与耗散特性;k 为任一时谐波波数的实部并且其稳定性以及衰减特性由 $|\zeta|$ 所决定。将式(3.183)代入 SO - FDTD 算法与 PLRC - FDTD 算法的迭代方程,可以得到齐次线性方程组 $A\tilde{x} = 0$,系数矩阵 A 与 ζ、FDTD 计算区域的空间与时间离散步长以及色散介质电磁参数有关。为了使 $\tilde{x} = \{\tilde{h}, \tilde{d}, \tilde{e}\}^{\mathrm{T}}$ 具有非零解,须满足行列式 $|A| = 0$,整理后可以得到关于 ζ 的多项式,进而得到 ζ 的多项式方程 $f(\zeta) = 0$。

对于 SO - FDTD 算法,通过上述方法可以得到关于 ζ 的多项式方程为

$$
\begin{aligned}
& b_0\zeta^4 + (b_1 + p^2 \cdot a_0 - 2b_0)\zeta^3 + (b_2 - 2b_1 + b_0 + p^2 \cdot a_1)\zeta^2 \\
& + (-2b_2 + b_1 + p^2 \cdot a_2)\zeta + b_2 = 0
\end{aligned}
\tag{3.184}
$$

而对于 PLRC - FDTD 算法而言,采用同样方法可以得到关于 ζ 的多项式方程为

$$
\begin{aligned}
& \frac{1}{1 + \chi_0 - \xi_0}\zeta^3 + \left(\Delta\xi_0 - \Delta\chi_0 - 1 + \xi_0 - \frac{1}{1 + \chi_0 - \xi_0}\mathrm{e}^{-\nu\Delta t} + p^2 - \frac{1}{1 + \chi_0 - \xi_0}\right)\zeta^2 \\
& - \left(p^2\mathrm{e}^{-\nu\Delta t} - \Delta\chi_0 + 2\Delta\xi_0 - \mathrm{e}^{-\nu\Delta t} + \xi_0 - 1 - \frac{1}{1 + \chi_0 - \xi_0}\mathrm{e}^{-\nu\Delta t} + \xi_0\mathrm{e}^{-\nu\Delta t}\right)\zeta \\
& + \Delta\xi_0 + \xi_0\mathrm{e}^{-\nu\Delta t} - \mathrm{e}^{-\nu\Delta t} = 0
\end{aligned}
\tag{3.185}
$$

式中,$p = 2.0 \cdot \mathrm{CFL} \cdot \sin(k\Delta x/2)$,$\mathrm{CFL} = c\Delta t/\Delta x$,$c$ 为真空中的光速,Δx、Δt 为空间和时间离散步长,k 为电磁波传播的波数,系数 a_0、a_1、a_2、b_0、b_1、b_2 见

式(3.41)和式(3.42),系数 ξ_0、χ_0、$\Delta\xi_0$ 以及 $\Delta\chi_0$ 见式(3.62)~式(3.65)。

通过求解式(3.184)与式(3.185)可以得到 ζ 复数根,进而得到复数根的模值$\mid\zeta\mid$。当 $k\Delta$ 满足条件 $0\leqslant k\Delta\leqslant\pi$ 时,要确保色散介质 FDTD 算法的数值稳定性,须满足 $\max\mid\zeta\mid\leqslant 1$,即复数根模值的最大值小于1。

在大多数飞行场景(飞行高度为 20~80 km,飞行马赫数为 5~20)中,飞行器所产生的等离子体频率与碰撞频率的取值为 $0\leqslant\omega_p\leqslant 2\pi\times 10^{12}$ rad/s,$0\leqslant\nu\leqslant 10^{12}$ Hz。选取 CFL = 1.0,$\Delta x=\lambda/20$,入射波频率为 $f=300$ MHz、3 GHz、30 GHz,采用式(3.184)与式(3.185)判定 SO‑FDTD 算法与 PLRC‑FDTD 算法在等离子体鞘套计算中的数值稳定性。

图 3.29 给出了两种算法在上述计算参数的稳定性特征,其中白色代表稳定,黑色代表不稳定。由图 3.29 可见,在等离子体鞘套中所包含的等离子体频率与碰撞频率的范围内,尽管 PLRC‑FDTD 算法的精度高于 SO‑FDTD 算法,

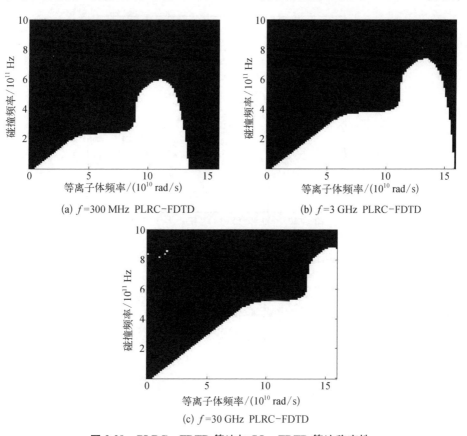

(a) $f=300$ MHz PLRC-FDTD　　　　　(b) $f=3$ GHz PLRC-FDTD

(c) $f=30$ GHz PLRC-FDTD

图 3.29　PLRC‑FDTD 算法与 SO‑FDTD 算法稳定性

但是 PLRC－FDTD 算法的稳定性条件比 SO－FDTD 算法严格,该算法的稳定性随着入射电磁波频率的增大而趋于良好,即不稳定区域变得越来越小。SO－FDTD 算法在该范围内均保持数值稳定性,因此采用 SO－FDTD 算法计算等离子体鞘套的电磁特性更加合适。

3.3.2 FDTD 算法验证

首先,采用等离子体球电磁散射的解析解验证本项目所采用的数值计算方法。计算等离子体球的后向 RCS。设等离子体球的半径 $r = 3.75$ mm,等离子体频率 $\omega_p = 2\pi \times 28.7 \times 10^9$ rad/s,碰撞频率 $\nu = 2.0 \times 10^{10}$ Hz。空间网格离散长度 $\Delta x = \Delta y = \Delta z = 0.075$ mm,时间离散步长 $\Delta t = 10^{-14}$ s。图 3.30 为 FDTD 计算等离子体球的后向电磁散射与 Mie 理论结果对比。由图 3.30 可见,二者结果吻合良好。

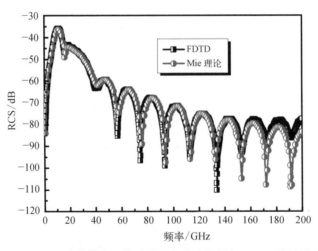

图 3.30 FDTD 计算等离子体球的后向电磁散射与 Mie 理论结果对比

通过计算等离子体覆盖导体球的电磁散射验证组合体目标的可靠性,所计算导体球半径 $r = 0.05$ m,覆盖等离子体厚度 $d = 0.01$ m。入射平面波的波长 $\lambda = 0.1$ m,即入射波频率 $f = 3$ GHz,入射角度为 $\theta = 0°$、$\phi = 0°$。为了和解析解进行对比,等离子体的电磁参数取等离子体频率 $\omega_p = 2\pi \times 2 \times 10^9$ rad/s,碰撞频率 $\nu = 2\pi \times 1.0 \times 10^9$ Hz。根据前面给出的非磁化等离子体相对介电常数的公式

$$\varepsilon_r = \varepsilon_r' - \varepsilon_r'' = \left(1 - \frac{\omega_p^2}{\omega^2 + \nu^2} \right) - j\left(\frac{\nu}{\omega} \frac{\omega_p^2}{\omega^2 + \nu^2} \right) \tag{3.186}$$

可以得到所取非磁化等离子体相对介电常数的实部和虚部分别为

$$\varepsilon_r' = \frac{3}{5}, \ \varepsilon_r'' = \mathrm{j}\frac{2}{15}$$

将介电常数实部和虚部输入 FEKO 后可以得到计算结果。

比对结果如图 3.31 所示。可以看出,商业软件 FEKO 所计算结果在大部分角度范围内吻合较好,等离子体与金属球组合体目标计算结果误差小于 5 dB。从而能够说明 FDTD 算法在模拟等离子体与目标组合体电磁散射特性的可靠性与精确度。

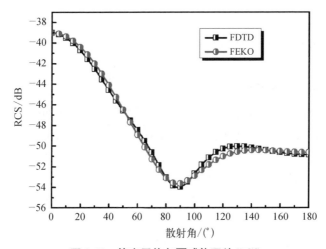

图 3.31　等离子体包覆球体双站 RCS

第4章

高超声速飞行器电大目标的并行 FDTD 计算

4.1 并行计算基础

4.1.1 并行计算简介

许多程序指令同时执行的一种计算模式就是并行计算(parallel computing)。它将复杂问题分解成较小问题,同时计算解决。并行计算通常有位级、指令级、数据和任务并行几种形式[109]。需要注意,并行计算区别于并发计算(concurrent computing),前者是将一个计算任务分解成多个非常相似的子任务,可以独立处理,并在完成后将其结果合并。而后者则是多个任务可以在同一个时段同时执行,过程通常不涉及相关任务。

传统意义上,普通的串行程序计算为了处理一个计算任务,算法被构造和实现为一个串行的执行命令,这些命令在单台 PC 设备的 CPU 上执行,面向的是单核处理器,而无法利用 CPU 的多核性能。而并行计算程序运行同时使用多个处理单元,协同各个核心的工作,其中处理单元可以多种多样,包括单台多核 PC、多台联网机群、专用硬件设备等任意资源组合[110]。并行计算设备中,多核的 CPU 是主要核心。多年来,为了解决功耗和过热的问题,行业内的主要 CPU 制造商开始生产具有多个内核的高能效的处理器。核心是处理器的基本计算单元,在多核处理器中,每个核心都是独立的,可同时访问相同内存。多核处理器为台式机带来了并行计算。因而,对传统串行程序的并行化处理已经成为主流趋势[109]。

并行计算在空间上导致并行机的分类,通常,可分为单指令流多数据流(single instruction multiple data,SIMD)和多指令流多数据流(multiple instruction multiple data,MIMD)[110]。

并行计算软件环境的选择也非常重要,并行算法的实现需要选择适合的并行

编程模型,目前,并行编程模型[110]主要有两种:一种是数据并行模式,该模式编程
级别相对较高,程序设计简单,仅适用于数据并行的情况下使用;第二种是消息传
递模式,该模式适用范围非常广泛,且比较灵活、可操控性强,程序设计者可控制复
杂信息传输交换、协调步伐等操作。消息传递模式既适用于分布式内存的并行机,
也能在共享内存的并行机上使用,如图 4.1 和图 4.2 所示。对于分布式内存系统,
各进程有各自单独的内存空间;而共享内存系统则是共用同一块内存区域。目前,
应用比较广泛的消息传递模式开发环境主要有两个,分别是消息传递接口
(message passing interface,MPI)和并行虚拟机(parallel virtual machine,PVM)。
MPI 标准化最早可追溯到 1992 年 4 月在弗吉尼亚州的威廉斯堡市召开的分布式
内存环境消息传递标准研讨会上。经过数十年的不断发展,MPI 已成为当今高性
能计算中使用的主要模型,具备很好的可移植性和可扩展性。它可以支持 Fortran、
C、C++几种高级编程语言[110]。MPI 是由学术界和工业界的研究人员设计的标
准化的消息传递标准,可用于各种并行计算的架构。PVM 第一版由 Tennessee
大学等三家科研单位于 20 世纪 80 年代末共同研发,它是基于网络实现并行计
算的软件工具,1993 年 3 月发布的第三版容错率高,有更好的可移植性。

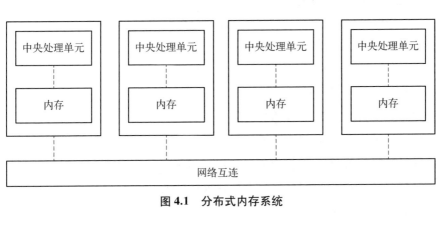

图 4.1　分布式内存系统

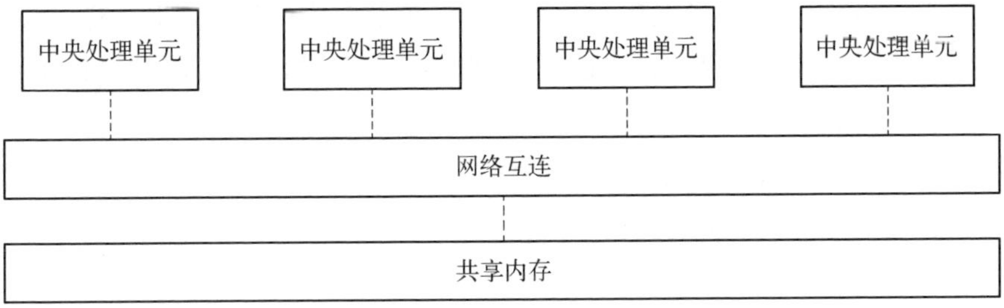

图 4.2　共享内存系统

　　相较于 PVM,MPI 的优势在于其本身是一套标准,对消息传递有更强大的支持,可移植性能更强,更适合于高性能并行计算等。本书基于 MPI 库使用 Fortran 语言实现 FDTD 并行算法,FDTD 并行计算的基本框架如图 4.3 所示,基本硬件采用工作站机群和高性能集群系统,软件环境则基于 MPI,算法是并行 FDTD 算法。

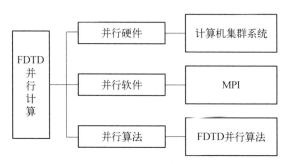

图 4.3　FDTD 并行计算的基本框架

4.1.2　并行 FDTD 算法设计

传统的串行 FDTD 程序计算常规目标电磁散射流程主要分为以下几个步骤。

（1）各类参量初始化设置、数组分配。

（2）目标剖分后网格信息读取、计算区域建立。

（3）入射激励源设置。

（4）电场迭代计算、场区边界处理。

（5）磁场迭代计算、场区边界处理。

（6）循环步骤(3)~步骤(5)更新场值,直到达到收敛要求。

（7）外推边界数据收集,并从近场到远场外推。

（8）计算目标 RCS 值。

　　然而,高超声速飞行器是包含了等离子体色散介质目标的散射计算,由于目标表面等离子体鞘套的存在,需要对上述常规 FDTD 算法进行修改。具体流程步骤如下所示。

（1）各类参量初始化设置、数组分配。

（2）飞行器模型剖分后网格信息读取。

（3）飞行器本体外流场网格参数读取。

（4）飞行器本体与等离子体鞘套复合体的流场网格和电磁网格参数耦合及

计算区域建立。

（5）入射激励源设置。

（6）ADE–FDTD 电磁迭代计算、场区边界处理。

（7）磁场迭代计算、场区边界处理。

（8）循环步骤(5)～步骤(7)更新场值,直到达到收敛要求。

（9）外推边界数据收集,并从近场到远场外推。

计算复合目标 RCS 值与计算常规介质目标电磁散射问题不同,FDTD 算法计算含等离子体的复合目标时需要对流场网格与 FDTD 网格进行耦合,将流场网格所包含参数信息转换成电磁参数。

FDTD 算法在电磁场更新迭代计算过程中,某一时刻计算网格节点的电场 E 分量只与该网格节点前一时刻的电场 E 值和距离该点半个网格的前 1/2 时刻的磁场 H 值有关,磁场分量 H 迭代规律也类似,节点的电磁场值分量不受其他网格节点的影响。依据此特性,FDTD 算法具备了并行计算的天然可行性。因此,利用 MPI 库,在三维笛卡儿坐标系中,将目标计算区域分割成一块块子区域,如图 4.4 所示。采用 MPI 库函数,建立不同子区域之间的虚拟拓扑结构,将不同的子区域分配给不同子进程并行计算,每个进程由不同 CPU 核心计算。

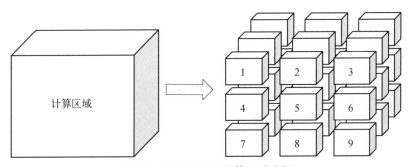

图 4.4　并行 FDTD 计算区域分割

本书并行程序采用主从式的设计模型,主进程主要负责全局变量定义、目标模型网格、流场信息读取、网格耦合、数据发送与收集、外推计算目标 RCS 等工作;而从进程主要负责建立虚拟拓扑结构、不同计算区域电磁场迭代计算、相邻进程数据传输与接收等工作。并行 FDTD 算法设计流程图如图 4.5 所示,并行 FDTD 程序将等离子体的目标与常规介质目标的电磁散射计算程序进行整合,针对信息读入、电场更新迭代计算等不同之处,采取不同流程,区别处理,使得并行 FDTD 程序既可以计算常规介质目标,也可以计算等离子体覆盖的高超声速

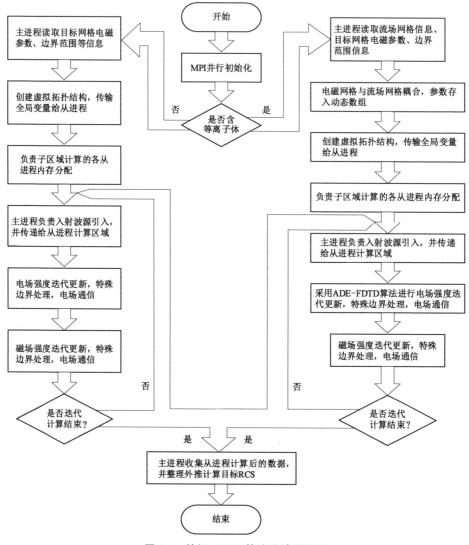

图 4.5 并行 FDTD 算法设计流程图

飞行器,增强了并行程序的通用性。

4.2 并行 FDTD 算法实现过程

4.2.1 编程模式选择

基于 MPI 的并行计算方法中,主要编程模式大概可分为三种类型,分别是主从式、对等式和混合式的模式[111]。

对等式编程模式相对比较简单,具备了良好的可扩展性。它具体是指所有并行进程负责的模块功能趋于一致,同样,也都运行相同的计算代码。当然,也需要其中某个进程去承担一部分控制执行的任务。这种模式相对没有明显的性能瓶颈,比较适用于任务简单的大规模并行。

主从式的编程模式是指所有并行进程有主进程和从进程之分,主进程与从进程所负责的模块功能不同,导致执行的计算代码也会不同。通常,主进程作为根进程(或者说 0 进程)主要负责计算流场控制、数据分发和计算任务划分等。而从进程之间任务大致相同,也执行相同的代码,主要负责完成主进程分配的计算任务和回传数据等。在该编程模式下,执行过程大概如此:从进程循环等待主进程分配计算任务,接受计算任务后,从进程运行计算,完成后将数据传递给主进程,并继续等待分配任务或者进程结束指令。主进程将整个计算任务分解为一个个子任务,按逻辑顺序分配给不同的计算从进程,并接收从进程计算完成后数据,所有任务全部计算完成后向从进程发送进程结束指令。主从模式的优势在于能够对大型异构多节点并行任务实现动态的负载均衡,根据不同机器的不同的计算速度、内存容量来合理配置计算进程数。

混合式编程模式,顾名思义,即具备了主从式和对等式各自的特点,多个并行进程之间可以运行多个不同的代码块。但是,该种编程模式通常运用比较少。

考虑到 FDTD 算法本身的特性,倘若需要扩大 FDTD 程序并行化的比例,则应该有进程负责计算区域划分、数据传输代码块执行,同时也要有进程负责循环迭代计算代码块执行。因此,本书并行 FDTD 程序采用主从式编程模式,利用主进程区控制整个计算流程,而从进程负责专门的区域迭代计算。这样分工明确,同时主从式模式还能够控制异构多节点计算时负载均衡的实现,有利于大集群的规模计算。

4.2.2　虚拟拓扑结构建立

拓扑结构在计算机网络中通常是指各个不同站点之间相互连接的通信方式,并行 FDTD 算法计算过程中,需要将整个计算区域分解为多个不同子区域,分配给不同进程,而这些不同进程之间就需要建立虚拟的拓扑结构,方便不同进程间的相互通信。在 MPI 库中,建立虚拟拓扑结构前,先要对计算区域进行区域分割。区域分割从维度上分类包括一维分割、二维分割和三维分割[112]三种方式。通常,一维分割和二维分割的优势在于从进程数量相对较少、进程之间的通信量也相对较少。而针对超电大尺寸复杂目标的计算问题,为了加快运算速度,在硬件资源允许的条件下,通常采用三维分割方式,以更多的 CPU 核心并行换取计算效率。

针对输入进程数的不同,MPI 中提供了 MPI_DIMS_CREATE(amount, ndims, dims) 函数,该函数主要负责自动分配每个维度上的进程数,其中 amount 表示构建虚拟拓扑结构进程的总数,ndims 表示区域分割的维度数,dims 表示数组,用于存储每个维度上的进程数。需要注意的是,该函数在每个维度分配进程数时,以三维分割方式为例,遵循维度 0、维度 1、维度 2 的顺序优先地将较多进程数放置在低维度上。

建立虚拟拓扑结构时,需要注意负载均衡问题,确保每一个从进程所负责的计算区域的网格数量相差无几,这样可以保证每个从进程计算迭代所用时间尽可能一致,减少阻塞通信模型下等待耗时;同时,多台 PC 同时运算时,尽量保证每台机器算力相等,最大可能达到负载均衡。

4.2.3 进程之间通信

FDTD 并行算法中,数据之间的传输通信主要分为主进程与从进程通信和从进程之间通信。前者主要包括细化的计算任务向从进程发送和计算完成后数据回收等通信过程,而后者主要是相邻的不同从进程之间每一时间步迭代计算后电磁参数的交换通信过程。MPI 库中提供了四种通信模式,分别是标准、缓存、同步和就绪通信模式[113],而本书并行程序中采用了标准通信模式。

主进程与从进程之间的通信问题如图 4.6 所示,属于一对多或者多对一的通信模式。需要采用全局通信方式,即在 MPI 库的某个指定通信域中,所有进程都需要同时接收或者发送信息的操作。

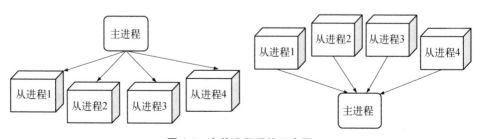

图 4.6 主从进程通信示意图

从进程之间通信二维示意图如图 4.7 所示,某一从进程计算过程中需要不断地与周围相邻的从进程交换电磁场量数据,以更新本进程所在计算区域对应元胞网格在不同时间步下的电磁场量值。

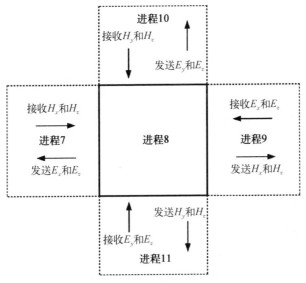

图 4.7　从进程之间通信二维示意图

为了简化从进程之间通信函数的调用过程,减少代码量。程序中还用到了 MPI 库中提供的捆绑发送函数,做到了向另一个进程发送数据的同时也接收来自另一个进程的数据。

4.2.4　进度同步与速率优化

并行 FDTD 算法中,所有从进程负责了各个目标子区域的计算任务,每一时间步对应各个子区域的电场迭代计算需要保证同步性,所有子区域均完成计算方可进行下一步从进程之间数据交换。同样,各个子区域的磁场迭代也是需要保证计算任务均完成,才能进行下一步数据交换。

考虑到计算高超声速飞行器包含流场参数信息,因此,并行 FDTD 程序需要设置专门存储变量负责记录流场模型与飞行器模型耦合后流场网格的等离子体频率和碰撞频率参数。传统的方法是由主进程读入所有流场网格对应的等离子体频率和碰撞频率参数,然后统一存储,每一时间步由主进程向各个从进程传输对应区域的流场网格参数信息,从而实现电磁场区域迭代计算。

根据目标尺寸分配对应的三维动态数组,存储流场网格的等离子体频率和碰撞频率信息,同时,再基于各个从进程分配的计算区域范围,由主进程一次性地将各个从进程对应区域的流场网格信息传送给从进程,从进程基于子计算区域动态分配内存负责存储对应的流场网格信息,传送完成后删除主进程申请的动态内存,最后,循环迭代计算完成后再删除从进程各自申请的动态内存。这样的优化方式,通过动态内存的增加减少进程之间通信的耗时成本,能够有效地提高并行计算的速度。

4.3 FDTD 并行计算的优化与精度分析

4.3.1 针对电大目标的计算优化程序

MPI 派生类型生成器的作用只是新建一个能够支持 MPI 相关函数操作的数据类型,以方便 Fortran 结构体数据的处理。真正将非连续的数据组成一个新的整体靠的是编程语言中的结构体。众所周知,不同元素组成结构体时其位置会因元素的类型而有对齐要求。即使类型图指明类型的偏移,系统也会为了满足对齐要求而制造额外的空隙。这就使得新的数据类型的大小要比其中所有元素加起来的总大小要大得多[114]。

假设向量数据类型生成器中旧类型由一个双精度和一个整型数据组成,类型图为 $\{\langle \mathrm{Real}(8), 0 \rangle, \langle \mathrm{Integer}(4), 8 \rangle\}$,则 count 为 2,blocklength 为 3,stride 为 4 时生成的派生类型的结构会是图 4.8 的情况。

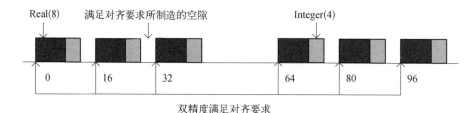

图 4.8 派生类型生成器会产生额外空隙

计算电大目标时,无论是网格还是中间变量都是大量数据。而且每个进程也要为其六个面上的 E_x、E_y、E_z、H_x、H_y、H_z 建立发送和接收的派生数据。因此一旦目标较大,内存便成了桎梏。本书在针对电大尺寸目标的计算中,对并行程序作了以下优化。

(1)减少静态数组,使用动态分配数组。一些大型数组,如果从一开始就声明成静态变量,那么即使这些数组不被使用也会占用大量内存。因此将一些数组尤其是中间变量设置成动态分配内存的形式,使用前申请内存,一旦使用结束就释放,可以显著地减小程序消耗。

(2)以四维数组的方式传输数据。结构体中的元素为动态可分配时,系统无法将结构体定义的新变量看作整体直接操作。因此在用动态数组定义电场和磁场分量时,以其为元素的派生数据类型生成函数无法正确使用。所以在后期计算电大目标时,本书采用构建四维数组的方式,将要传输的非连续数据放至"连续的"四维数组中,再将数组作为传输的对象。数组的前三维代表空间坐标,最后一维代表所属进程的秩。

(3)优化内存。使用并行计算,目的之一就是将原本庞大的变量分给多个进程。因此本书对程序进行了细分,将主进程和各从进程所用到的变量分开定义,避免内存的无谓重复。

(4)修改程序功能。前期为了得到目标近场的电磁分布,将各进程中的全场电磁分量都传送至主进程。然而程序的主要目的是计算目标的雷达散射截面,只需要外推边界上电磁分量的幅值和相位。因此在计算电大尺寸目标时,注释掉主进程收集全场电磁分量以及这些分量输出的部分,改为只收集各从进程中外推边界的分量。

4.3.2　常规介质 FDTD 并行计算的验证

基于 MPI,将串行 FDTD 算法修改成并行算法原理上并不会影响计算结果。为了验证并行算法的准确性,本节将计算常规介质目标在时谐场与瞬态场下对应电磁散射,并行方法的数值计算结果与 Mie 理论的解析解进行比对,验证并行算法计算常规介质的准确性和稳定性。

首先计算一个介质球目标的 RCS,介质球模型示意图如图 4.9 所示。选取正弦波作为平面入射波,其中入射电磁波的角度 $\theta = 0°$, $\varphi = 0°$,极化角 $a = 0°$,入射波频率为 9.375 GHz。介质球的介电系数为 4.0,磁导系数为 1.0。介质球剖分尺寸为入射波长的 1/42,即 $\delta = \lambda/42$,介质球的直径为 0.03 m。利用并行 FDTD 算法计算目标介质球的双站 RCS。

图 4.10(a)为介质球在远区 E 面的双站 RCS,图 4.10(b)为介质球在远区 H 面的双站 RCS。图 4.10(a)中,实线表示介质球模型 E 面 RCS 的 Mie 理论解析解,三角表示并行 FDTD 算法计算介质球 E 面 RCS 的数值解,并行计算结果与 Mie 理论解析解趋于一致;同样,图 4.10(b)中,并行 FDTD 计算的 H 面 RCS 数

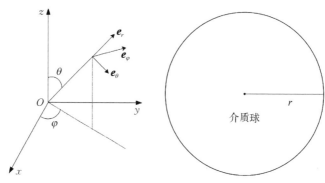

图 4.9　介质球模型示意图

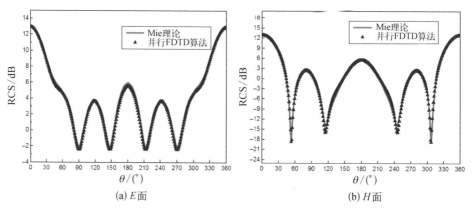

|(a) E 面|(b) H 面|

图 4.10　介质球模型双站 RCS

值解与解析解也符合得很好。

　　其次,在三维瞬态场下,计算金属球目标随频率变化的 RCS。金属球的半径 $r = 1$ m,元胞网格尺寸 $\delta = 0.05$ m,时间步长 $\Delta t = \delta/2c$。采用高斯脉冲波束入射,脉冲宽度为 $\tau = 30\Delta t$,入射波角度 $\theta = 0°$, $\varphi = 0°$,极化角 $\alpha = 0°$。并行计算介质球目标单站 RCS。

　　图 4.11 为金属球目标后向 RCS 随频率变化情况。其中,三角表示并行 FDTD 算法计算结果,实线表示 Mie 理论解析解,明显看出,在频率为 0 ~ 300 MHz 内,并行计算结果与 Mie 理论解析解符合得很好,随频率变化趋势一致;在频率 300 ~ 400 MHz 内,由于高斯波束所含高频分量较少,因此,有微小误差,但在允许范围内。

　　由此,验证了并行 FDTD 程序计算常规介质目标电磁散射的准确性和正确性。

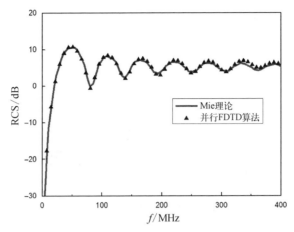

图 4.11　并行 FDTD 算法计算金属球目标单站 RCS 与 Mie 理论结果对比

4.3.3　色散介质 FDTD 并行计算准确性

为了验证并行 FDTD 算法计算等离子体目标的准确性,选取不同等离子体频率和碰撞频率的均匀等离子体球作为入射目标,并行计算目标的 RCS。

首先计算半径 $r = 0.06$ m 的等离子体圆球电磁散射,选取频率为 5 GHz 的正弦电磁波作为入射波源,公式如式(4.1)所示:

$$E_i(t) = \begin{cases} 0, & t < 0 \\ E_0\sin(\omega t), & t \geqslant 0 \end{cases} \tag{4.1}$$

激励源的入射角度为 $\theta = 0°$, $\varphi = 0°$,极化角 $a = 0°$,目标剖分尺寸为入射波长的 1/40。目标圆球的等离子体频率 $\omega_p = 10 \times 10^9$ rad/s,碰撞频率 $\nu_c = 5 \times 10^9$ Hz。如图 4.12 所示,远区观察散射角 θ 范围在 0°~180°,φ 为 0° 时等离子体球目标双站 RCS。可以看出,并行 FDTD 算法计算结果在 $\theta = 0°$ ~ 165°,符合得很好,角度在 165°~180° 有微小误差,整体而言,数值解与 Mie 理论解析解基本一致。

其次,检验并行 FDTD 程序计算色散介质频域内后向单站 RCS 结果的准确性。若等离子体球目标半径 $r = 0.00375$ m,选取高斯脉冲波束作为激励源,脉冲宽度为 $\tau = 60\Delta t$,公式如式(4.2)所示:

$$E_i(t) = \exp\left(-\frac{4\pi(t - t_0)^2}{\tau^2}\right) \tag{4.2}$$

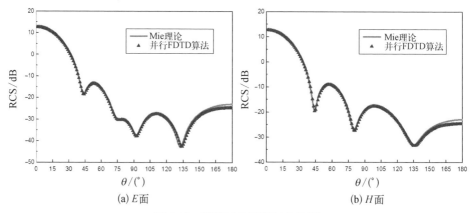

(a) E 面   (b) H 面

图 4.12　等离子球目标双站 RCS

目标圆球等离子体频率 $\omega_p = 1.8 \times 10^{11}$ rad/s，电子平均碰撞频率 $\nu_c = 2 \times 10^{10}$ Hz。则等离子体球后向 RCS 如图 4.13 所示，明显看出，并行 FDTD 算法（实线）和 Mie 理论（圆圈）计算结果随频率变化趋势一致，在 $0 \sim 90$ GHz 内，数值结果与解析解吻合得很好，在 $90 \sim 110$ GHz 有误差，但在允许范围内。

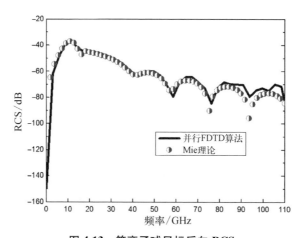

图 4.13　等离子球目标后向 RCS

综上所述，本书编码并行 FDTD 计算程序稳定可靠，计算结果与解析解吻合度好，可用于非磁化等离子体目标电磁散射计算。

4.3.4　影响 FDTD 计算精度的因素

1. 剖分精度对结果的影响

取入射时谐波的波长为 $\lambda = 0.6$ m，介质球直径是入射波长的 5 倍。入射波

以 $\theta = 0°$, $\varphi = 0°$ 的方位角入射,极化角 $\alpha = 0°$。则在数值波长分别取 $wl = 15$、30、40、50 即离散元胞尺寸为 $\lambda/15$、$\lambda/30$、$\lambda/40$、$\lambda/50$ 时并行 FDTD 算法计算得到的远区 H 面与 E 面的 RCS 计算结果和 Mie 理论解析解对比如图 4.14 所示。

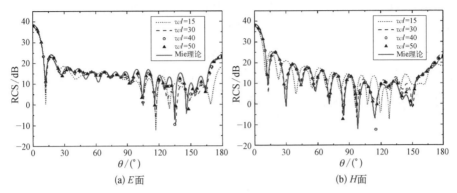

图 4.14　直径为 5 倍波长介质球的 E 面、H 面结果

由直径为 5 倍波长介质球的 RCS 结果可看出,目标剖分精度会影响并行 FDTD 算法的计算精度。当离散元胞尺寸分别取 $\lambda/15$、$\lambda/30$、$\lambda/40$、$\lambda/50$ 时,其并行 FDTD 算法计算结果与 Mie 理论解析解符合程度越来越高。可见,当数值波长越大,离散元胞网格越密时,并行 FDTD 算法的精度越高,这也符合并行 FDTD 算法的特点。

2. 目标尺寸对结果的影响

将直径为 1 倍波长、3 倍波长和 5 倍波长的介质球作为目标进行并行 FDTD 计算。三个目标均取入射波 $\lambda = 0.6$ m,数值波长为 $wl = 40$,即网格尺寸为 $\delta = \lambda/42 = 0.015$ m。通过计算得到三个目标的 RCS 并与 Mie 理论解析解作绝对误差,得到图 4.15。

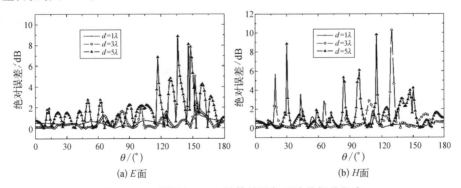

图 4.15　不同目标 RCS 计算结果与理论值相差程度

　　图 4.15 表示不同尺寸的三个目标在相同离散精度下的仿真结果与理论值的绝对误差。从图 4.15 中可以看出,当剖分精度相同时,目标越大,计算误差越明显。这是因为虽然网格的尺寸相同,节点对目标和环境的描述程度一样,但是目标越大,网格数量越大,由离散导致的误差也随着迭代网格数目的增加而累积。因此目标越大,结果精确程度越弱。由此可以得到结论:在使用并行 FDTD 算法时,随着目标规模的增加,剖分尺寸应相应地减小,才能细致地反映目标环境,弥补累积误差。在计算大目标尤其是电大目标时,对网格剖分精度的要求应该更加严格。

第 5 章

目标电磁建模及流场网格与电磁网格的耦合

FDTD 算法需要将计算空间网格化,如何得到目标离散化的几何-电磁模型成为 FDTD 仿真的首要问题。事实上,目标的几何-电磁建模是任何一个电磁计算软件所必需的部分,如 XPATCH 软件的代码中,电磁部分只有 30 000 条程序,而建模部分的程序却多达 150 000 条[115-117],由此可看出几何-电磁建模的复杂程度和重要性。

针对复杂目标建模的方法首先是借助商业建模软件强大的建模功能和高效的建模效率建立目标的二维或三维几何模型,现今的建模软件多种多样,各具特色,如以 AutoCAD、CATIA、SolidWorks、UG NX、Pro-E 等为代表的工业建模软件,以 3ds Max、Maya、Rhino(犀牛)等为代表的应用于某个专业领域的 3D 建模软件,以及以 Blender 为代表的专业的免费开源 3D 建模软件;然后对建立的实体模型或导出的三角面元数据文件进行网格剖分,对于实体模型可以采用元胞扫描法或实体切割法得到离散电磁模型,对于三角面元数据文件则可通过射线追踪与质心坐标求交法获得剖分网格数据。

在处理一些具有曲面外形或尖锐结构在内的模型时,常规的 FDTD Yee 元胞网格会不可避免地导致模型表面的阶梯近似而产生误差,因此在不提高剖分精度的前提条件下,采用共形 FDTD 网格生成技术是减小这类误差的理想选择之一。

5.1 基于实体模型的复杂目标电磁建模方法

5.1.1 FDTD 网格剖分基本方法

从 FDTD 算法的迭代公式中可以看出,其计算用到各个网格节点处的电磁参数,即介质的介电系数、磁导系数、电导率和磁导率,这些电磁参数表征了网格对应位置的物理空间的电磁性质。对复杂目标建模的过程实质上是将目标所界定的物理空间的电磁参数赋予相对应的离散网格空间中的各个节点。

基于实体模型的电磁建模方法的主要思想是依据实际目标的形状、结构和材质等信息,利用 AutoCAD 建立目标的实体模型(三维)或面域模型(二维);而后通过 VBA 读取 AutoCAD 模型,进行几何和材质分析,根据 FDTD 计算的要求以设定的空间步长将目标模型网格化,并根据每一个元胞的材质赋予相应的电磁参数,从而得到目标的几何-电磁模型[118]。

进行几何-电磁建模的主要步骤如下。

1)实体/面域建模

在计算机系统中构建三维模型的方法有三种:线框模型(wireframe model)、表面模型(surface model)和实体模型(solid model),由于实体建模可以建立一个物体的完整形状模型,具有明确的包容空间,且各表面间有严格的拓扑关系,可以实施消除隐蔽线或者剖切形体等操作,近年来得到了广泛的应用。本书就是采用实体模型对三维复杂目标进行建模的,对于二维情况则采用面域模型;按实物设置模型各部件的尺寸和材质,将模型以 AutoCAD 默认文件格式(*.dwg)保存。

2)模型预处理

通过 VBA 读取已建立实体/面域模型,获取目标区域的大小和模型中用到的材质;根据 FDTD 计算要求设置空间离散步长;对用到的材质进行编号,建立材质索引表,并为每种材质赋予相应的电磁参数,从而为目标模型的剖分做好准备。

3)目标模型的剖分

本书实现了针对三维复杂目标模型进行剖分的两种方法,即元胞扫描法和实体切割法,具体阐述如下。

(1)元胞扫描法:用 VBA 语言在 AutoCAD 中建立一个小长方体(二维情形时为正方形,离散方法类同,不再赘述),该长方体为 FDTD 中的元胞,其各边边长就是已设定的 x、y、z 方向的空间离散步长;不断移动元胞的位置直至扫描完整个目标区域,每移动一次,判断一下元胞和目标实体模型相交部分的体积,如果相交部分体积值大于或等于离散元胞的一半,则记录这时离散元胞的位置以及相交部分的材质在材质索引表中的序号;扫描完毕后即得到了目标的几何-电磁参量信息。

（2）实体切割法：分别沿 x、y、z 方向以设定的各方向的空间离散步长为间隔，对复杂目标三维模型的所有实体进行切割，得到许多新的小实体，而后对每个小实体的体积进行判断，如果该体积值大于或等于 x、y、z 方向空间步长乘积的一半，则记录该小实体中心的位置和所属材质在材质索引表中的序号；对所有小实体判断完毕后即得到了目标的几何-电磁参量信息。

上述两种方法实际上都是以阶梯边界来近似代替实际目标的边界，文献[119]指出，当空间分辨率高于 1/16 波长时，该方法所引起的误差已经小于 1 dB，可满足工程需要。

4）保存离散后模型信息

将得到的离散模型几何位置和电磁参数编号等信息以特定的格式写入文件中，以便 FDTD 计算程序使用。

5）显示建模结果

为直观方便地检验剖分是否正确，通常需由剖分得到的几何-电磁参量描述文件重生成目标模型，读取已保存的离散模型信息文件，并按材质编号还原各元胞的材质。通过显示建模结果可以直观地展示模型剖分的效果，具体方法将在下面进行详细介绍。

5.1.2　基于八叉树的剖分方法的优化策略

三维模型网格剖分的元胞扫描法和实体切割法的剖分效率非常低，且对内存的需求随着剖分精度的提高而急剧增加，为了解决这一突出的问题，文献[115]在元胞扫描法的基础上引入八叉树，加速了剖分进程，并用 AutoLisp 语言实现了这一方法（优化元胞扫描法）。借鉴该思想，用八叉树来改善实体切割法，进一步地提高了剖分效率且减小了内存需求，以下称这种方法为优化实体切割法。下面对这两种方法分别进行阐述。

1. 优化元胞扫描法

八叉树的基本原理如图 5.1 所示，图 5.1 中的根节点为包围整个待剖分目标实体的长方体（对于 x、y、z 方向剖分步长相同情况下为正方体），它被细分为 8 个长方体（第一代子节点），然后对长方体进行分类，分为实心体、空心体和部分体三类，并对部分体作进一步的细分，生成下一代节点，如此循环下去直至达到所需的细分等级。这一过程形成了八个分支的树状结构，八叉树因此而得名。

八叉树空间中的每一个节点均唯一地对应着一个八进制编码，并且这种空

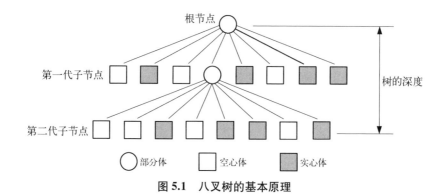

根节点

第一代子节点

第二代子节点

○ 部分体   □ 空心体   ■ 实心体

图 5.1   八叉树的基本原理

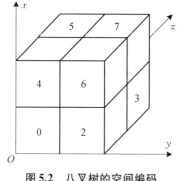

图 5.2   八叉树的空间编码

间编码具有一种很好的性质：已知任意一个空间网格的编码，可以直接求出其前左下角点的空间坐标。八叉树网格编码与三维坐标之间的变换关系如下所示。设任意一个空间网格对应的编码为 $q_1 q_2 \cdots q_N$，其中 $q_1, q_2, \cdots, q_N \in \{0, 1, 2, 3, 4, 5, 6, 7\}$ 分别对应每一代的空间序号，如图 5.2 所示。设 q_m，$m \in \{1, 2, \cdots, N\}$ 对应的二进制编码为 $i_m j_m k_m$，即 i_m 对应 q_m 的高位，k_m 对应 q_m 的低位，有

$$q_m = 4i_m + 2j_m + k_m, \quad i_m, j_m, k_m \in \{0, 1\} \tag{5.1}$$

若该八叉树的最大深度为 n，则八叉树空间编码为 $q_1 q_2 \cdots q_N$ 的网格的前左下角对应三维坐标的二进制表示分别为

$$x = i_1 i_2 \cdots i_N 0 \cdots 0, \quad 后面补 0 的个数为 n - N \tag{5.2}$$

$$y = j_1 j_2 \cdots j_N 0 \cdots 0, \quad 后面补 0 的个数为 n - N \tag{5.3}$$

$$z = k_1 k_2 \cdots k_N 0 \cdots 0, \quad 后面补 0 的个数为 n - N \tag{5.4}$$

八叉树的这一性质使得 FDTD 目标的网格自动剖分变得容易实现，本书用 VBA 实现了该方法，其具体过程如下：首先生成一个包围待剖分实体模型的根长方体，其长宽高的选择要为 x，y，z 三个方向上剖分步长的 2^n 倍；然后把根长方体切割为 8 个相同的子长方体，并依次与目标实体模型求交集，根据相交体的体积分类，并对部分体进行递归细分，直至达到八叉树的最大深度。在此过程中，记录每一代节点中所有实心体的八叉树编码信息，将其转换为三

维坐标并同该位置的材质索引编号一同输出到几何-电磁参量描述文件,供 FDTD 程序调用。对于目标模型中包含多个实体的情况,对每个实体应用上述过程即可。

图 5.3 给出了利用该方法剖分一个介质球的效果图,图 5.3(a)是包围球的长方体的三维图,图 5.3(b)是过长方体中心的剖面图,从图 5.3 中可以看出在邻近球边界的区域剖分得很细,而在球体内部网格剖分很粗。

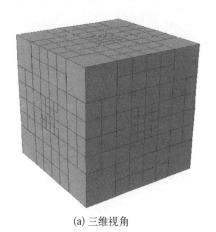 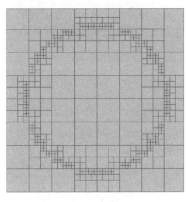

(a) 三维视角　　　　　　　　　　　(b) 中心剖面图

图 5.3　介质球的优化元胞法剖分效果图

2. 优化实体切割法

以类似的思路将八叉树原理引入实体切割法中,其具体实现过程如下:首先以 2^n(n 为八叉树的最大深度)倍的空间步长将目标实体切割为 8 个部分,根据每部分的体积进行分类:实心体、空心体和部分体;记录实心体的八叉树编码与材质信息;对部分体以父代剖分步长的一半进行递归切割,直至达到八叉树的最大深度。经过编码转换后即可得到目标模型的几何-电磁参量描述文件。

从上述剖分过程中可以看出,这种变步长实体切割法减少了对实体内部的切割操作,将极大地加速剖分进程。图 5.4 给出了利用该方法对介质球和立方体进行剖分的效果图,表明:在实体内部以粗步长进行切割,而在实体边界周围区域的切割步长则非常精细。

相对于优化元胞扫描法而言,优化实体切割法有两个突出的优点:① 直接对目标实体进行切割,无须另建一个长方体,节约了内存空间;② 省去了运算量很大的实体求交操作,缩短了剖分所需时间。

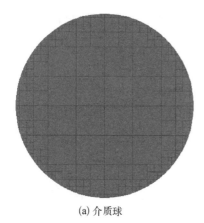 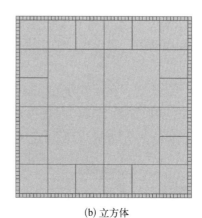

(a) 介质球　　　　　　　　　　　　　(b) 立方体

图 5.4　优化实体切割法剖分效果图

下面对本书实现的四种剖分方法做对比,如表 5.1 所示,表 5.1 中数据是对半径为 50 cm 的球以步长 2 cm 进行剖分所需的时间和内存。

表 5.1　四种剖分方法的对比

剖分方法	所需时间/s	高峰内存使用/MB
元胞扫描法	304	925
优化元胞扫描法	193	501
实体切割法	692	1013
优化实体切割法	145	289

从表 5.1 中可以得出以下三点结论:① 优化元胞扫描法明显好于元胞扫描法,其所需时间缩短了 36.5%,所需内存空间减少了 45.8%;② 优化实体切割法相对于实体切割法的优势则更加突出,其所需时间只有后者的 21%,所需内存也只有后者的 28.5%;③ 优化实体切割法相对于优化元胞扫描法也具有很大的优越性,其所需时间比后者缩短了 24.9%,同时所需内存减少了 42.3%。综上所述,优化实体切割法是四种剖分方法中最优秀的一种。

依据前述建模方法,实现了复杂目标的自动网格剖分,显著降低了复杂目标 FDTD 建模的难度,减少了工作量。离散步长、FDTD 计算区域大小、材质的电磁参量等参数;以选定的剖分方法自动离散模型;离散完成后将目标的几何-电磁信息保存到相应的文件中;通过读取剖分数据构建离散后的目标模型,可以通过还原目标各部件材质或渲染成不同颜色的方式来区分不同材质;可以剖分面域模型和实体模型。

5.2　基于三角面元的复杂目标电磁建模方法

5.2.1　基于三角面元的模型文件预处理

对建立的实体目标模型进行三角面元网格化处理,也就是利用大量的空间三角形对实体或曲面模型的表面进行离散化模拟,从而以各个小三角形的点、面和法向矢量等数据来记录目标模型的几何信息。这些空间小三角形的三个顶点一般按照"右手法则"排序,而且它们的外法向矢量方向通常由实体模型的内部指向外部。因此基于三角面元的模型数据文件的数据结构简单、直观性强,通过改变三角面元的数量便可实现对三维实体模型模拟的精度控制。在此基础上,利用相关的 FDTD 网格生成技术来构建目标模型的 FDTD 计算网格数据。

以 ASE 格式和 OBJ 格式为例进行说明。ASE 格式文件以文本的形式存放与模型有关的包含材质信息、顶点信息、面元信息、面元法向量信息及顶点法向量信息等在内的所有信息,并且易于读写与修改,是常见的建模文件格式。为了方便对 ASE 文件格式进行说明,对 ASE 文件进行简化处理,即截取关键数据段并省略各数据段中格式相类似的数据行以及删除无关的字符串后,如图 5.5 所示。GEOMOBJECT 代表一个模块几何实体的数据块,NODE_NAME 表示模块的名称即图 5.5 中的 Plasma,MESH 则代表后续数据为该模块的网格数据信息。MESH_NUMVERTEX 记录该模块的三角面元的顶点总数,MESH_NUMFACES 记录该模块的三角面元的总数。MESH_VERTEX_LIST 记录模块中的所有顶点信息。MESH_FACE_LIST 记录模块中所有的三角面元的各自三个顶点的编号信息。MESH_NORMALS 记录模块中所有三角面元的法向量以及各顶点处的法向量信息。而紧跟着的后面三行数据则表示组成该三角面元的三个顶点的编号以及它们各自的法向量在 x、y、z 方向上的分量。在读取 ASE 文件数据时,需要注意其中的顶点编号和三角面元的编号均是从 0 开始的。

与其他模型文件格式不同的是,OBJ 格式文件支持三个点以上的面,即可以用三角形、四边形或多边形对三维实体的模型表面进行离散化,而且文件结构简洁,易于读写。同样对 OBJ 文件进行简化处理,即截取关键数据段并省略各数据段中格式相类似的数据行后,如图 5.6 所示。不难看出,OBJ 格式的文件数据结构更加简单、可读性强。一般而言,OBJ 文件会以纯文本的方式记录整个模型的顶点、顶点法向矢量、纹理坐标、面元信息和材质信息。每行数据用不同的前

```
*GEOMOBJECT {
  *NODE_NAME "Plasma"
  *NODE_TM {
    //省略
  }
  *MESH {
    *TIMEVALUE 0
    *MESH_NUMVERTEX 2045
    *MESH_NUMFACES 4082
    *MESH_VERTEX_LIST {
      *MESH_VERTEX  0    4.64712667  -15.86069489  0.00000000
      //省      略      多      行
      *MESH_VERTEX 2044 -5.80074739 5.44726563  -8.98212910
    }
    *MESH_FACE_LIST {
      *MESH_FACE    0:    A:    0 B:    1 C:    2 //省略后续内容
      //省      略      多      行
      *MESH_FACE 4081:    A: 2042 B: 1899 C: 1898 //省略后续内容
    }
    *MESH_NORMALS {
      *MESH_FACENORMAL 0  0.28539386  -0.94296432 -0.17137280
        *MESH_VERTEXNORMAL 0  0.28539386  -0.94296432 -0.17137280
        *MESH_VERTEXNORMAL 1  0.28539386  -0.94296432 -0.17137280
        *MESH_VERTEXNORMAL 2  0.28539386  -0.94296432 -0.17137280
      //省      略      多      行
      *MESH_FACENORMAL 4081 0.71756732  -0.52134299 0.46184269
        *MESH_VERTEXNORMAL 2042 0.68246430  -0.64087629 0.35145429
        *MESH_VERTEXNORMAL 1899 0.82040262  -0.45102015 0.35145470
        *MESH_VERTEXNORMAL 1898 0.72386658  -0.39794874 0.56360799
    }
  }
  //省略
}
```

图 5.5 简化处理后的 ASE 文件关键数据段

```
#
# object Plasma
#

v  4.64712667 -15.86069489 0.00000000
//省      略      多      行
v -5.80074739 5.44726563 -8.98212910
# 2045 vertices

g Plasma
f 1 2 3
//省      略      多      行
f 2043 1900 1899
# 4082 faces
```

图 5.6 简化处理后 OBJ 文件
关键数据段

缀标识该行的数据类型。例如,以 v 开头的每行数据记录模块中各顶点在 x、y、z 轴上的坐标值;以 vn 开头的每行数据记录模块中各顶点的法线向量在 x、y、z 轴上的分量;以 vt 开头的每行数据记录模块中各顶点的纹理坐标;以 f 开头的每行数据记录模块中各个三角形(也可以是四边形或多边形)面元对应的顶点、纹理坐标和顶点法线的编号。在顶点、纹理坐标和顶点法线的编号之间,使用符号/隔开。一个以 f 开头的数据行可以以下面几种格式出现。

(1) f 1 2 3 表示由第 1、2、3 号顶点组成一个三角形。

(2) f 1/4 2/5 3/6 表示由第 1、2、3 号顶点组成一个三角形,且忽略顶点法线。其中第一个顶点的纹理坐标的编号值为 4,第二个顶点的纹理坐标的编号值为 5,第三个顶点的纹理坐标的编号值为 6。

(3) f 1/4/7 2/5/8 3/6/9 表示由第 1、2、3 号顶点组成一个三角形,其中

第一个顶点的纹理坐标的编号值为 4,其法线的编号值为 7;第二个顶点的纹理坐标的编号值为 5,其法线的编号值为 8;第三个顶点的纹理坐标的编号值为 6,其法线的编号值为 9。

(4) f 1//7　2//8　3//9 表示由第 1、2、3 号顶点组成一个三角形,且忽略纹理坐标。其中第一个顶点的法线的编号值为 7;第二个顶点的法线的编号值为 8;第三个顶点的法线的编号值为 9。

在图 5.6 中# object Plasma 表示子模块的名称为 Plasma,# 2045 vertices 记录该模块的顶点总数为 2045,# 4082 faces 记录该模块的面元总数为 4082。需要注意的是,与 ASE 文件不同,OBJ 文件中的顶点、面元等数据的编号是从 1 开始的。如图 5.6 中,第一个 v 后面是编号为 1 的顶点坐标,最后一个 v 后面是编号为 2045 的顶点的坐标。同理,第一个 f 后面是面元编号为 1 的面元三个顶点的编号,最后一个 f 后面是面元编号为 4082 的面元三个顶点的编号。

5.2.2　三角面元与射线相交检测

基于三角面元模型文件的射线追踪方法生成 FDTD 计算网格的基本原理是利用一组平行于 x、y 或 z 轴中的任一个坐标轴且互相平行的射线来穿越用来近似实体模型的三角面元。通常,射线与空间中任意三角面元会存在三种位置关系:射线与三角面元不相交、射线与三角面元相交以及射线与三角面元相切即射线与同一个三角面元存在两个及两个以上的交点。在确定三角面元与射线所有交点的位置,并沿着射线方向进行排序后,根据射线被模型表面的三角面元截断的奇、偶数或相交处的三角面元面法矢方向来判定射线是"穿入"还是"穿出"模型表面,从而决定射线被交点所分割的某一段是否位于模型内部,并对分布在该线段内的 FDTD 网格单元赋予相应的材质参数信息。显然,对空间中三角面元与射线进行相交检测,即判定三角面元与射线是否相交、交点是否落在三角面元内部以及交点是"穿入点"还是"穿出点",是准确建立 FDTD 网格数据的关键与基础。本节主要介绍几种常用的三角面元与射线检测方法,包括质心坐标求交法、投影求交法[116]和海伦公式求交法[117]等。与其他方法相比,本节所采用的质心坐标求交法无须计算三角面元所在平面的几何方程,只需要计算交点的质心坐标和交点与射线起点的距离,前者用来判断交点是否落在三角面元内部,后者则用于辨别交点是在"穿入"还是"穿出"目标模型表面的位置。该方法对射线与三角面元平行或相切,以及交点落在三角面元的棱边或顶点上的情况处理起来高效简便,具有数学意义直观、易于编程实现、通用性好的特点。

1. 质心坐标求交法

质心坐标求交法的基本思想是空间中的任意一个三角形内的点可以由一个和三角形各顶点有关的矩阵表示,也就是用相对各顶点的位置的质心坐标来表示。如果该点同时位于给定的射线上,则该点的坐标又可以用射线起点坐标和射线的方向矢量来表示。这样就可以通过求解该点与射线起点的距离以及该点在三角形内的质心坐标来判断该点与三角面元的空间位置关系,同时也避免了对三角形所在平面的几何方程的计算。由于"穿入点"和"穿出点"总是在射线方向上一先一后成对出现,所以对于可以用质心坐标表示的射线与三角面元的交点,可以将它们按照在同一射线上与射线的起点的距离进行排序,然后依次找出"穿入点"和"穿出点"并标记,生成FDTD 的表面网格数据,再进行介质填充生成体网格数据。

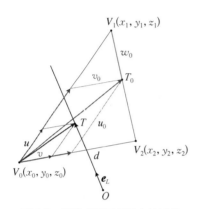

图 5.7　射线 *OT* 与空间中的三角形 $V_0V_1V_2$ 相交于点 *T*,*O* 为射线起点,与 *T* 点距离为 *d*, e_L 为射线方向的单位向量

如图 5.7 所示,设三角形上三个顶点 V_0, V_1, V_2 的坐标分别为 (x_0, y_0, z_0), (x_1, y_1, z_1), (x_2, y_2, z_2),那么三角形上任意一点 $T(x, y, z)$ 与 V_0 组成向量 $\overrightarrow{V_0T}$, 可以表示为

$$\overrightarrow{V_0T} = u \overrightarrow{V_0V_1} + v \overrightarrow{V_0V_2} \tag{5.5}$$

坐标表示为

$$\begin{bmatrix} x - x_0 \\ y - y_0 \\ z - z_0 \end{bmatrix} = u \begin{bmatrix} x_1 - x_0 \\ y_1 - y_0 \\ z_1 - z_0 \end{bmatrix} + v \begin{bmatrix} x_2 - x_0 \\ y_2 - y_0 \\ z_2 - z_0 \end{bmatrix} \tag{5.6}$$

整理得

$$\begin{bmatrix} x \\ y \\ z \end{bmatrix} = (1 - u - v) \begin{bmatrix} x_0 \\ y_0 \\ z_0 \end{bmatrix} + u \begin{bmatrix} x_1 \\ y_1 \\ z_1 \end{bmatrix} + v \begin{bmatrix} x_2 \\ y_2 \\ z_2 \end{bmatrix} \tag{5.7}$$

即

$$T = (1 - u - v)V_0 + uV_1 + vV_2 \tag{5.8}$$

显然,由图 5.7 可知 $0 \leqslant u \leqslant 1$, $0 \leqslant v \leqslant 1$。 另外,对于落在 V_1V_2 线段上的点 T_0 有

$$
\begin{aligned}
\overrightarrow{V_0T_0} &= u_0 \overrightarrow{V_0V_1} + v_0 \overrightarrow{V_0V_2} \\
&= \overrightarrow{V_0V_1} + w_0 \overrightarrow{V_1V_2} = \overrightarrow{V_0V_1} + w_0(\overrightarrow{V_0V_2} - \overrightarrow{V_0V_1}) \\
&= (1 - w_0)\overrightarrow{V_0V_1} + w_0 \overrightarrow{V_0V_2}
\end{aligned} \tag{5.9}
$$

由代数知识可知, $u_0 = 1 - w_0$, $v_0 = w_0$, 即 $u_0 + v_0 = 1$。 因此可知对于落在三角形 $V_0V_1V_2$ 内的点还应该满足 $u + v \leqslant 1$。

综上,三角形 $V_0V_1V_2$ 内点的参数方程为

$$T(u, v) = (1 - u - v)V_0 + uV_1 + vV_2 \tag{5.10}$$

式中, (u, v) 是三角形面内点的质心坐标,它们必须满足 $0 \leqslant u \leqslant 1$、$0 \leqslant v \leqslant 1$ 和 $u + v \leqslant 1$。 注意 (u, v) 可以用于正规插值、纹理映射以及颜色插值等。 由图 5.7 可知 O 点为射线的起点,与三角形 $V_0V_1V_2$ 内一点 T 距离为 d,射线方向的单位向量为 $\boldsymbol{e}_L$,则射线上的点 T 可以表示为

$$T = O + d\boldsymbol{e}_L \tag{5.11}$$

根据式(5.10)、式(5.11)可知

$$O + d\boldsymbol{e}_L = T(u, v) = (1 - u - v)V_0 + uV_1 + vV_2 \tag{5.12}$$

整理得

$$
\begin{bmatrix} -\boldsymbol{e}_L, & V_1 - V_0, & V_2 - V_0 \end{bmatrix}
\begin{bmatrix} d \\ u \\ v \end{bmatrix} = O - V_0 \tag{5.13}
$$

式(5.13)表明射线起点到交点的距离为 d,交点在三角形内的质心坐标 (u, v) 可以通过求解式(5.13)所代表的线性方程组求得。

记 $\boldsymbol{E}_1 = \overrightarrow{V_0V_1} = V_1 - V_0$, $\boldsymbol{E}_2 = \overrightarrow{V_0V_2} = V_2 - V_0$, $\boldsymbol{T} = \overrightarrow{V_0O} = O - V_0$,则式(5.13)可被写为

$$
\begin{bmatrix} -\boldsymbol{e}_L, & \boldsymbol{E}_1, & \boldsymbol{E}_2 \end{bmatrix}
\begin{bmatrix} d \\ u \\ v \end{bmatrix} = \boldsymbol{T} \tag{5.14}
$$

式(5.14)中的 $[-\boldsymbol{e}_L, \boldsymbol{E}_1, \boldsymbol{E}_2]$ 实际是一个 3×3 的矩阵,而当行列式 $|-\boldsymbol{e}_L, \boldsymbol{E}_1,$
$\boldsymbol{E}_2| \neq 0$ 时,线性方程组(5.13)的唯一解可以根据线性代数中的克拉默法则
(Cramer's rule)求得

$$\begin{bmatrix} d \\ u \\ v \end{bmatrix} = \frac{1}{|-\boldsymbol{e}_L, \boldsymbol{E}_1, \boldsymbol{E}_2|} \begin{bmatrix} |\boldsymbol{T}, \boldsymbol{E}_1, \boldsymbol{E}_2| \\ |-\boldsymbol{e}_L, \boldsymbol{T}, \boldsymbol{E}_2| \\ |-\boldsymbol{e}_L, \boldsymbol{E}_1, \boldsymbol{T}| \end{bmatrix} \tag{5.15}$$

根据行列式的特性,可知 $|\boldsymbol{a}, \boldsymbol{b}, \boldsymbol{c}| = (\boldsymbol{a} \times \boldsymbol{b}) \cdot \boldsymbol{c} = -(\boldsymbol{a} \times \boldsymbol{c}) \cdot \boldsymbol{b}$,所以式(5.15)可
被写为

$$\begin{bmatrix} d \\ u \\ v \end{bmatrix} = \frac{1}{(\boldsymbol{e}_L \times \boldsymbol{E}_2) \cdot \boldsymbol{E}_1} \begin{bmatrix} (\boldsymbol{T} \times \boldsymbol{E}_1) \cdot \boldsymbol{E}_2 \\ (\boldsymbol{e}_L \times \boldsymbol{E}_2) \cdot \boldsymbol{T} \\ (\boldsymbol{T} \times \boldsymbol{E}_1) \cdot \boldsymbol{e}_L \end{bmatrix} = \frac{1}{\boldsymbol{P} \cdot \boldsymbol{E}_1} \begin{bmatrix} \boldsymbol{Q} \cdot \boldsymbol{E}_2 \\ \boldsymbol{P} \cdot \boldsymbol{T} \\ \boldsymbol{Q} \cdot \boldsymbol{e}_L \end{bmatrix} \tag{5.16}$$

式中,$\boldsymbol{P} = \boldsymbol{e}_L \times \boldsymbol{E}_2$;$\boldsymbol{Q} = \boldsymbol{T} \times \boldsymbol{E}_1$。

由式(5.15)和式(5.16)可知

$$|-\boldsymbol{e}_L, \boldsymbol{E}_1, \boldsymbol{E}_2| = \boldsymbol{P} \cdot \boldsymbol{E}_1 = (\boldsymbol{e}_L \times \boldsymbol{E}_2) \cdot \boldsymbol{E}_1 = -(\boldsymbol{E}_1 \times \boldsymbol{E}_2) \cdot \boldsymbol{e}_L \tag{5.17}$$

式中,$\boldsymbol{e}_L$ 为射线方向的单位向量;$\boldsymbol{E}_1 = \overrightarrow{V_0 V_1}$;$\boldsymbol{E}_2 = \overrightarrow{V_0 V_2}$。

由于三角面元的三个顶点 V_0、V_1 和 V_2 按照"右手准则"进行编号,所以 $\boldsymbol{E}_1 \times$
$\boldsymbol{E}_2$ 为三角面元的外法向矢量。故由式(5.17)可知,当 $\boldsymbol{P} \cdot \boldsymbol{E}_1 = -(\boldsymbol{E}_1 \times \boldsymbol{E}_2) \cdot \boldsymbol{e}_L >$
0 时,射线"穿入"三角面元 $V_0 V_1 V_2$ 所在平面;当 $\boldsymbol{P} \cdot \boldsymbol{E}_1 = -(\boldsymbol{E}_1 \times \boldsymbol{E}_2) \cdot \boldsymbol{e}_L < 0$ 时,
射线"穿出"三角面元 $V_0 V_1 V_2$ 所在平面;当 $\boldsymbol{P} \cdot \boldsymbol{E}_1 = -(\boldsymbol{E}_1 \times \boldsymbol{E}_2) \cdot \boldsymbol{e}_L = 0$ 时,射线
与三角面元 $V_0 V_1 V_2$ 所在平面平行或相切。值得注意的是,式(5.15)成立的条件
行列式 $|-\boldsymbol{e}_L, \boldsymbol{E}_1, \boldsymbol{E}_2| = \boldsymbol{P} \cdot \boldsymbol{E}_1 \neq 0$ 的几何意义是射线方向的单位向量和三角面
元的两条棱边上的向量所定义的平行六面体的体积不能为 0,也就是说射线不
能与三角面元平行或相切。在编程实现时,考虑到计算机在进行浮点数运算时
的误差,一般这一条件是通过将行列式的绝对值与一个自定义的极小值比较来
判断的。同时为了减少运算量从而提高运算效率,可以在编程实现质心坐标求
交法时,先给定一组起点在同一平面内且平行于 x、y 或 z 轴的网格射线,对所有
三角形面元逐一计算 $\boldsymbol{P} \cdot \boldsymbol{E}_1$ 的值。如果 $\boldsymbol{P} \cdot \boldsymbol{E}_1 \neq 0$,再根据式(5.16)计算网格射
线与三角面元"交点"的质心坐标 u,当 u 满足 $0 \leqslant u \leqslant 1$ 时接着计算质心坐标 v,
当且仅当 $0 \leqslant v \leqslant 1$ 和 $u + v \leqslant 1$ 同时成立时(此时,网格射线才与三角面元"相

交"于面内一点），依据 $\boldsymbol{P} \cdot \boldsymbol{E}_1$ 的符号标记交点是"穿入点"或"穿出点"，计算交点与射线起点的距离 d，并按照 d 值的大小在射线方向上对交点进行排序。

在对网格射线方向上的交点按照交点与射线起点的距离 d 进行排序前，还需要对一些特殊位置的交点进行预处理。预处理的基本思路是如果同一位置的所有交点标记的穿越标志相一致，即均为"穿入"或者"穿出"，则仅保留该位置处的一个交点，且该点穿越标志相应标记为"穿入"或者"穿出"；如果同一位置存在标记的穿越标志不一致的交点，则舍弃该位置上所有的交点数据。

如图 5.8 所示，射线 R_1 以 O_1 点为起点，与介质区域相交于 P_0 点；射线 R_2 以 O_2 点为起点，与介质区域相交于 P_1 点和 P_2 点；射线 R_3 以 O_3 点为起点，与介质区域相交于 P_3 点、P_4 点和 P_5 点。射线 R_1 在 P_0 点处的位置先"穿入"后"穿出"，即该位置处的穿越标志不一致，所以 P_0 点作为"奇异点"被舍弃。射线 R_2 在 P_1 点处的位置"穿入"，然后在 P_2 点处的位置"穿出"，所以 P_1 点作为"穿入点"，P_2 点作

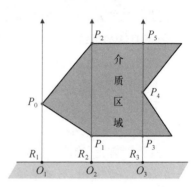

图 5.8　特殊位置的交点

为"穿出点"被一起保留。射线 R_3 在 P_3 点处的位置"穿入"，然后在 P_4 点处的位置先"穿出"后"穿入"，最后在 P_5 点处的位置再次"穿出"，所以 P_3 点作为"穿入点"，P_5 点作为"穿出点"被同时保留，而 P_4 点则作为"奇异点"被舍弃。图 5.8 中的 P_0、P_1、P_2 和 P_4 点可以看作多个三角面元共用的顶点，P_3 和 P_5 点可以看作两个三角面元共用的棱边与网格射线的交点。考虑到计算机存在的舍入误差，所以当计算这类点与射线起点的距离时，同一位置有可能产生多个 $d_i(i = 1,$ $2, \cdots, n)$ 值。对此在编程实现时，采用 C++标准容器之一的 Map 容器来加以处理。Map 容器由关键值（Key Value）和映射值（Mapped Value）配对组成，可用于存储若干元素。Map 容器中元素的关键值通常唯一且默认按照升序排序，而映射值则存放与该关键值绑定的数据内容。因此，可以将网格射线与三角面元的交点到射线起点的距离 d 作为关键值，用 0、1 和 -1 分别表示"穿入点"、"穿出点"和"奇异点"，共同存放在 Map 容器中。在将新的交点数据写入 Map 容器前，需要把该点的 d 值与 Map 容器中已经存放的 d 值进行比较。如果两者相差大于一个极小值（说明这是不同位置的两个点），则将新的交点数据直接写入 Map 容器中。如果两者相差不大于一个极小值（说明这是相同位置的两个点），则比较"穿越"标志。"穿越"标志一致，则不对 Map 容器做任何修改；反之，不在

Map 容器中写入新的交点数据,但需要把已经存在的点的映射值更改为 -1 以表示该位置的点是一个奇异点。由此可见,对 Map 容器的使用不仅能方便地对网格射线与三角面元的交点进行预处理,而不需要区分落在三角面元的棱边或是顶点上的交点,还能利用 Map 容器的关键值唯一且排序的特性,得到网格射线上按照与射线起点的距离排序的交点数据,即距离 d 值和交点的穿越标志。同时,这也为 FDTD 计算网格的生成提供了极大的便利。

2. 投影求交法

投影求交法的基本思想是首先选择平行于坐标轴的 FDTD 网格线作为射线,将 FDTD 网格线与三角面元所在平面的交点及三角面元的三个顶点投影到网格线的法平面上,通过投影面上各投影点组成的矢量之间的运算,来判断交点是否落在三角面元内,进而对网格线被与三角面元的交点所分割的线段进行编号,通过编号的奇、偶来辨别进行介质标记与填充,最终形成 FDTD 网格数据。

具体而言,在读取模型的三角面元文件数据后,得到某个三角面元的三个顶点 A、B、C 的坐标以及面法矢 $\boldsymbol{F}$,即 $A(A_x, A_y, A_z)$、$B(B_x, B_y, B_z)$、$C(C_x, C_y, C_z)$ 和 $\boldsymbol{F}(f_x, f_y, f_z)$,求出该三角面元平面的几何方程表达式:

$$f_x \cdot (x - A_x) + f_y \cdot (y - A_y) + f_z \cdot (z - A_z) = 0 \tag{5.18}$$

然后联立平行于 x、y 或 z 轴之一的网格射线方程,这里取平行于 z 轴的网格线 $l_z(x_R, y_R)$,求得交点 $P(x, y, z)$ 的坐标为

$$\begin{cases} x = x_R \\ y = y_R \\ z = -\left[f_x \cdot (x_R - A_x) + f_y \cdot (y_R - A_y) \right] / f_z + A_z \end{cases} \tag{5.19}$$

从图 5.9 不难看出,可以利用投影点 P' 是否落在投影的三角形 $A'B'C'$ 内来判定网格线与三角面元所在平面的交点 P 是否落在三角面元 ABC 内。连接投影点 P' 与投影的三角形 $A'B'C'$ 的三个顶点,可以依次构造三个矢量 $\overrightarrow{P'A'}$、$\overrightarrow{P'B'}$ 和 $\overrightarrow{P'C'}$,并形成矢量叉乘 $\overrightarrow{P'A'} \times \overrightarrow{P'B'}$、$\overrightarrow{P'B'} \times \overrightarrow{P'C'}$ 和 $\overrightarrow{P'C'} \times \overrightarrow{P'A'}$。当交点 P 落在三角面元 ABC 内时,这三个矢量叉乘的符号相同;反之,则这三个矢量叉乘的符号不同。而当交点 P 正好落在三角面元 ABC 的某一条棱边上时,这三个矢量叉乘的结果中会有一个零值。在求得某条网格线上的所有交点后,如果其中包含网格线与三角面元的切点,则用其他方向的网格对三角面元进行穿越;反之,

则按照交点将网格线分割的线段顺序编号,把奇数号的线段标记为目标介质并赋予相应的电磁参数,形成 FDTD 的 Yee 元胞网格剖分数据文件。

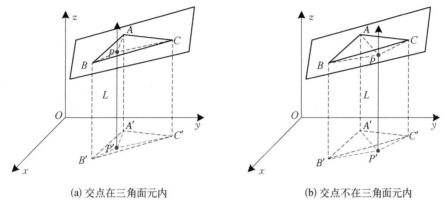

(a) 交点在三角面元内　　　　　　　　(b) 交点不在三角面元内

图 5.9　交点 P 与三角面元 ABC 的位置关系

图 5.9 中,网格射线是沿 z 轴正方向入射的,所以图 5.9 中 P 点和三角面元三个顶点 A、B、C 点的 x 轴和 y 轴的坐标与它们的投影点相同,且都是已知量,所以 $\overrightarrow{P'A'} \times \overrightarrow{P'B'}$、$\overrightarrow{P'B'} \times \overrightarrow{P'C'}$ 和 $\overrightarrow{P'C'} \times \overrightarrow{P'A'}$ 可以简化为

$$D_{V_1V_2} = \begin{vmatrix} V_{1x} - x_R & V_{1y} - y_R \\ V_{2x} - x_R & V_{2y} - y_R \end{vmatrix} \tag{5.20}$$

式中, V_{1x}、V_{1y}、V_{2x}、V_{2y} 分别为三角面元的两个顶点 x、y 坐标。

其实由式(5.20),可以不需要先求交点坐标而直接判断网格射线与三角面元是否相交。对于三角面元三个顶点 A、B、C(按“右手法则”编号),若 D_{AB}、D_{BC} 和 D_{CA} 均大于零,则射线与三角面元相交,且交点为“穿出点”;若 D_{AB}、D_{BC} 和 D_{CA} 均小于零,则射线与三角面元相交,且交点为“穿入点”;若 D_{AB}、D_{BC} 和 D_{CA} 其中有零值,则射线与三角面元相交于棱边或顶点,此时需要分情况作特殊处理[118];否则,射线与三角面元不相交。

3. 海伦公式求交法

海伦公式求交法的基本思想是在求得网格射线与三角面元所在平面的交点坐标的基础上,将利用海伦公式求出的交点与三角面元三个顶点所形成的三个三角形的面积之和与原三角面元的面积进行比较,进而判断交点与三角面元的位置关系。然后根据网格射线所穿越的三角面元的法向量方向来辨别交点是“穿入点”还是“穿出点”,并形成 FDTD 的面元胞网格,最后进行介质填充得到准确的体元胞网格数据。

如果在平面内的一个三角形的边长分别为 a、b、c,则三角形的面积 S 为

$$S = \sqrt{p(p-a)(p-b)(p-c)} \tag{5.21}$$

式中,半周长 $p = (a+b+c)/2$,式(5.21)为海伦公式。

首先,三角面元 ABC 的顶点坐标和面元法向量数据通过三角面元模型数据文件读取获得。然后采用与投影求交法相同的步骤求得网格射线与三角面元所在平面的交点。如图 5.9 所示,网格射线与三角面元 ABC 的交点 P 与 $\triangle ABC$ 的三个顶点 A、B、C 两两组合,依次构成新的三个三角形:$\triangle PAB$、$\triangle PBC$ 和 $\triangle PCA$。

如图 5.9(a)所示,当点 P 落在 $\triangle ABC$ 内部或者任意一条棱边上时,有

$$S_{\triangle PAB} + S_{\triangle PBC} + S_{\triangle PCA} = S_{\triangle ABC} \tag{5.22}$$

式中,$S_{\triangle PAB}$、$S_{\triangle PBC}$、$S_{\triangle PCA}$ 和 $S_{\triangle ABC}$ 分别表示 $\triangle PAB$、$\triangle PBC$、$\triangle PCA$ 和 $\triangle ABC$ 的面积。又如图 5.9(b)所示,当点 P 落在 $\triangle ABC$ 外时,有

$$S_{\triangle PAB} + S_{\triangle PBC} + S_{\triangle PCA} > S_{\triangle ABC} \tag{5.23}$$

通常,选取一组平行于 x 轴、y 轴或 z 轴之一的,且沿坐标轴正向入射的射线作为网格射线。因此,当网格射线与模型的某个三角面元相交时,如果该三角面元的法向量在网格射线方向投影的分量大于零,则该交点为"穿出点";反之,则该交点为"穿入点"。对于法向量与网格射线正交的三角面元,应该通过其他入射方向的网格射线对该三角面元进行穿越以得到相应的交点数据信息。

5.2.3 FDTD 计算网格生成

通常,为了简化 FDTD 网格生成过程,降低运算量,对于建立在笛卡儿坐标系下的目标实体模型,选择 x 轴、y 轴或 z 轴的正方向作为网格射线入射方向,然后沿着该方向进行射线与目标模型表面的三角面元的相交检测,得到沿射线方向排序后的网格射线与三角面元的交点数据信息,再根据不同类型的 FDTD 网格生成算法建立目标表面网格,对"穿入"和"穿出"的表面网格之间的区域进行介质填充,最终形成目标模型完整的 FDTD 计算网格数据。

本书采用前述的质心坐标求交法得到网格射线与模型表面的三角面元的交点数据信息,并在算法编程实现过程中,将网格射线方向上的交点数据存放在 C++ 的 Map 容器里,以交点相距网格射线起点的距离 d 作为 Map 容器的关键

值,相应的穿越标志 0、1 和−1 作为与关键值绑定的映射值。在建立 FDTD 表面网格之前,需要对 Map 容器中存放的交点数据进行一次预处理,剔除其中保存的网格射线方向上可能存在的由数字−1 所代表的奇异点,而仅保留数字 0 所代表的"穿入点"和数字 1 所代表的"穿出点"。

1. 网格射线起点平面的选择

一般在进行射线与三角面元相交检测前,还需要通过读取目标模型的三角面元数据文件,统计紧密"包围"目标模型的长方体的范围,也就是模型在 x 轴的坐标最小值 X_{min} 和最大值 X_{max},在 y 轴的坐标最小值 Y_{min} 和最大值 Y_{max} 以及在 z 轴的坐标最小值 Z_{min} 和最大值 Z_{max}。 在 FDTD 中,Yee 元胞的编号在正方向上比元胞顶点编号少 1,这一点类似于线段编号与线段端点编号之间的差别。考虑均匀剖分情况,即网格剖分尺寸 $\delta = \Delta x = \Delta y = \Delta z$,其中 Δx、Δy 和 Δz 分别为 x 轴、y 轴和 z 轴方向上的剖分尺寸,则整个模型的元胞编号范围为

$$\begin{cases} It_{min} = \mathrm{floor}(X_{min}/\delta)\,,\ It_{max} = \mathrm{floor}(X_{max}/\delta) \\ Jt_{min} = \mathrm{floor}(Y_{min}/\delta)\,,\ Jt_{max} = \mathrm{floor}(Y_{max}/\delta) \\ Kt_{min} = \mathrm{floor}(Z_{min}/\delta)\,,\ Kt_{max} = \mathrm{floor}(Z_{max}/\delta) \end{cases} \tag{5.24}$$

式中,floor( ) 代表向下取整的函数。沿 z 轴正方向入射的 FDTD 网格射线起点所在的 Yee 元胞编号为

$$T_{min} = Kt_{min} - N \tag{5.25}$$

式中,$N(N = 0,\ 1,\ 2,\ \cdots)$ 是用来调整网格射线起点位置的整数参量。如图 5.10 所示,沿 z 轴正方向入射的网格射线 R_1,与三维球体模型表面的三角面元依次相交于 $P_1(R_x,\ R_y,\ z_{in})$ 和 $P_2(R_x,\ R_y,\ z_{out})$,"穿入点" P_1 与射线起点平面距离为 d_{in},"穿出点" P_2 与射线起点平面距离为 d_{out}。 通常"穿入点"和"穿出点"都是一先一后成对出现,而对于外形复杂的目标模型,甚至同一条网格射线上可能会存在多对"穿入点"和"穿出点"。根据"穿入点"和"穿出点"与射线起点平面的距离,先建立目标模型的表面网格数据,然后再进行介质填充以致最终生成相应 FDTD 的计算网格数据。

2. FDTD 网格剖分

在建立目标模型的 FDTD 表面网格数据时,通常根据表面网格元胞的"体心"的位置来判断该网格是否应被标记为目标模型的表面网格。因此,在对模型进行常规 FDTD 网格剖分时,网格射线一般需要穿过网格"体心"入射。例如,

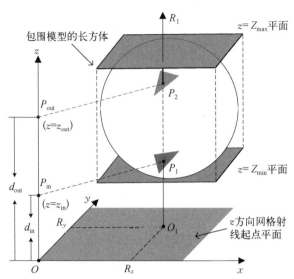

图5.10　沿 z 轴正方向入射的网格射线 R_1 穿越三维球体模型表面的三角面元

在图5.10中,沿 z 方向入射的射线 R_1 的起点 O_1 点应该位于网格的"面心"位置,在 x 轴和 y 轴的坐标为

$$\begin{cases} R_x = (i + 0.5)\Delta x \\ R_y = (j + 0.5)\Delta y \end{cases} \tag{5.26}$$

式中, i 和 j 分别为 x 轴和 y 轴上的元胞编号。

图5.10中沿 z 方向入射且射线起点 O_1 位于 FDTD 网格的"面心"位置的射线 R_1 在穿越目标模型表面的三角面元时,要根据"穿入点"和"穿出点"与穿越处的 FDTD 网格的中心的位置关系,来建立模型表面的常规的 FDTD 网格,并对特殊情况的网格另做处理。如图5.11所示,对于射线 R_1"穿入"目标模型表面的情况,当"穿入点"位于位置 A 时,网格1的中心不在射线起点 O_1 与位置 A 的连线上,则网格1为"穿入"的表面网格;当"穿入点"位于位置 B 时,网格1的中心处于射线起点 O_1 与位置 B 的连线上,则网格2为"穿入"的表面网格。对于射线 R_1"穿出"目标模型表面的情况,当"穿出点"位于位置 C 时,网格2的中心不在

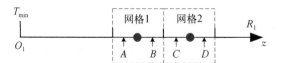

图5.11　常规 FDTD 网格的表面网格与特殊网格处理

射线起点 O_1 与位置 C 的连线上,则网格 1 为"穿出"的表面网格;当"穿出点"位于位置 D 时,网格 2 的中心处于射线起点 O_1 与位置 D 的连线上,则网格 2 为"穿出"的表面网格。

另外,在建立模型表面的常规 FDTD 网格时,还需要考虑"穿出点"与"穿入点"之间相距不到一个剖分尺寸的特殊情况。同样,当"穿入点"位于位置 A 而"穿出点"位于位置 B 时,说明"穿入点"和"穿出点"位于同一个网格,若位置 A 与位置 B 相距小于剖分尺寸的 $1/2$,则网格 1 不作为表面网格;反之,则网格 1 为网格射线 R_1 同时"穿入"与"穿出"的表面网格。当"穿入点"位于位置 B 而"穿出点"位于位置 C 时,说明"穿入点"和"穿出点"位于相邻的两个网格,若位置 B 与位置 C 相距小于剖分尺寸的 $1/2$,则网格 1、网格 2 均不为表面网格;反之,位置 B 与位置 C 离各自所在网格中心更近的一侧作为表面网格,即位置 B 离所在网格的中心更近则网格 1 为网格射线 R_1 同时"穿入"与"穿出"的表面网格,位置 C 离所在网格的中心更近则网格 2 为网格射线 R_1 同时"穿入"与"穿出"的表面网格。

在利用上述方法建立模型目标的表面 FDTD Yee 元胞网格后,可以对位于"穿入"的表面网格和"穿出"的表面网格之间的 FDTD 网格进行介质填充,赋予指定的介质编号以及相应的介质参数,从而得到目标模型的完整的常规 FDTD Yee 元胞网格剖分数据。

常规 FDTD 网格剖分文件输出格式如图 5.12 所示。由于常规 FDTD 网格通常采用均匀网格进行剖分,所以"剖分尺寸(米)"只有一个值。"元胞编号范围"表示目标模型所占的常规 FDTD Yee 元胞网格范围,依次对应" It_{min} It_{max} Jt_{min} Jt_{max} Kt_{min} Kt_{max} "等变量。这些参量主要用于散射或辐射计算时 FDTD 区域的划分。"模型范围(毫米)"和"模型尺寸(毫米)"用来记录目标的空间尺寸范围,也可以用于对元胞编号范围的校验。该文件格式中,介质编号从 0 开始,且默认 0 代表真空的介质编号。下面的介质参数列表中, ε_r 代表介质的相对介电系数, μ_r 代表介质的相对磁导率, σ 表示介质的电导率, σ_m 表示介质的磁导率。不同的介质编号对应不同的介质名称,以及不同的电磁参数。在剖分文件输出时,模型中各个介质的电磁参数一般默认取真空的电磁参数,然后根据实际情况在输出的文件中对相应的介质参数进行手动修改。另外,"壳 0/体 1"一列表示模型中的某个模块或材料的结构属性,0 代表空心结构,1 代表实心结构。"Medium"代表网格的介质编号," Ii Ij Ik "代表"穿入"的 Yee 元胞网格编号," Oi Oj Ok "代表"穿出"的 Yee 元胞网格编号。由于网格射线通常选择平行于坐标轴入射,因此"$Ii\ Ij\ Ik$"与"$Oi\ Oj\ Ok$"只会有一个值不同。在计算程序读取"Medium"、"$Ii\ Ij\ Ik$"和"$Oi\ Oj\ Ok$"的取值后,可以根据剖分文件中相应介质编号"Medium"所对应的"壳 0/体 1"取值,灵活地决定是否对"$Ii\ Ij\ Ik$"所代表的"穿入网格"与"$Oi\ Oj\ Ok$"所代表的"穿出网格"之间的 Yee 元胞网格赋予读取的介质编号"Medium"以实现介质填充。综上所述,图 5.12 所示的常规 FDTD 网格剖分文件格式更具灵活性,所需要存储的数据信息也更精简。

```
 1 FDTD类型与Courant值: F24  0.49
 2 剖分尺寸(米): 0.0004
 3 元胞编号范围: -42    300   -144  143   -144  143
 4 模型范围(毫米): -16.8 120 -57.6 57.6 -57.5 57.5
 5 模型尺寸(毫米): 136.8 115.2 115.0
 6 模型剖分数据包含 2 种介质(编号 0 代表真空),具体属性如下:
 7 ------------------------------------------------------------
 8 介质编号    名称       壳0/体1    εr      μr       σ        σm
 9 ------------------------------------------------------------
10    0        vac.        1        1        1        0        0
11    1        M1          1        1        1        0        0
12    2        M2          1        1        1        0        0
13 ------------------------------------------------------------
14 Medium      Ii          Ij       Ik       Oi       Oj       Ok
15    1        -42         -5       -2       -42      -5        1
16              省                 略                多        行
17    1        299         143      -7       299      143       6
18    2        -30         -2       -4       -30      -2        3
19              省                 略                多        行
20    2        29          3        -4       29       3         3
```

图 5.12　常规 FDTD 网格剖分文件输出格式

5.3　FDTD 共形网技术

5.3.1　网格"阶梯"近似误差

FDTD 差分方程是由微分麦克斯韦方程在时间和空间上离散得到的,当用 FDTD 算法对目标进行电磁特征计算时,需要对目标进行网格剖分来得到目标的 Yee 元胞模型;由于 Yee 元胞是六面体形状,而目标表面往往是曲面的,所以用 Yee 元胞生成目标模型时,将引起目标表面"阶梯"近似。也就是说,实际的目标几何外形与目标的 Yee 元胞模型有所区别,如图 5.13 所示,这样会对模型 FDTD 计算引入误差——"阶梯"近似误差。

为减小"阶梯"近似误差,我们可以通过减小网格剖分尺寸把目标剖得更密些,这样可以有效地减少目标表面因"阶梯"近似带来的计算误差。但是,这将会需要更多的计算机储存空间和更多的 CPU 计算时间,因此,对于实际的工程问题,在目前主流 PC 硬件性能的条件制约下,单靠提高目标网格剖分密度来提

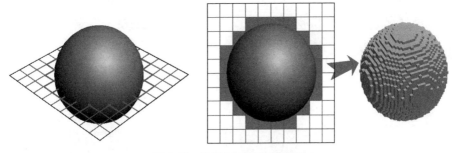

图 5.13　目标表面"阶梯"近似

高目标电磁特征计算精度的做法是不现实的。

　　自 20 世纪 90 年代起,人们提出了多种网格共形技术,如理想导体表面共形网格技术、介质表面共形网格技术、介质表面涂层共形网格技术等。利用网格共形技术,在同等剖分密度的前提下,可以有效地降低目标表面因"阶梯"近似引起的计算误差。

5.3.2　理想导体表面共形网格技术

　　理想导体表面共形网格技术最早在 1997 年由 Dey 和 Mittra 提出,对于理想导体共形网格,目标表面两侧分别为介质和理想导体,设磁场仍处于矩形网格的中心,根据法拉第电磁感应定律,网格中心磁场与环绕网格中心的网格边框上的电场有关。由于理想导体内电场值始终为零,而且目标表面往往与网格面不相重合,因此在用共形网格计算网格中心磁场时,需要对环绕磁场网格边框进行修正,即对 FDTD 磁场迭代公式进行修正。

　　由于三维 FDTD 共形网格可以分解为三个二维共形网格,因此以 xoy 面为例,从二维 TE 情形出发,并由法拉第感应定律推出二维 FDTD 磁场迭代公式。

　　法拉第感应定律为

$$\oint_l E \cdot \mathrm{d}l = -\frac{\mathrm{d}}{\mathrm{d}t}\iint_s B \cdot \mathrm{d}s \quad (5.27)$$

　　将式(5.27)用于目标表面共形网格,如图 5.14 中深色区域所示,因为理

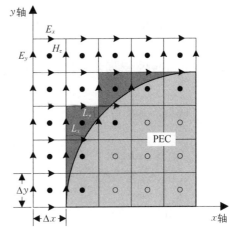

图 5.14　二维 FDTD 共形网格结构

想导体中电场为零,所以只需考虑共形网格中理想导体以外部分的电场贡献,得到 TE 波情况下,xoy 面共形网格二维 FDTD 磁场迭代公式:

$$
\begin{aligned}
\boldsymbol{H}_z^{n+\frac{1}{2}}(i, j) = &\ \boldsymbol{H}_z^{n-\frac{1}{2}}(i, j) \\
&+ \frac{\Delta t}{\mu S(i, j)} \left[\begin{array}{l} \boldsymbol{E}_x^n\!\left(i, j+\frac{1}{2}\right) l_x(i, j) - \boldsymbol{E}_x^n\!\left(i, j-\frac{1}{2}\right) l_x(i, j-1) \\ - \boldsymbol{E}_x^n\!\left(i+\frac{1}{2}, j\right) l_y(i, j) - \boldsymbol{E}_y^n\!\left(i-\frac{1}{2}, j\right) l_y(i-1, j) \end{array} \right]
\end{aligned}
$$

$$(5.28)$$

式中,l_x 和 l_y 分别为 $\boldsymbol{E}_x$ 和 $\boldsymbol{E}_y$ 节点对应共形网格棱边在导体外的长度;$S(i, j)$ 为共形网格在导体外部的面积。

对于共形网格电场迭代公式不做修改,仍然按照一般 FDTD 电场迭代公式计算。

设在 x 和 y 方向网格剖分密度 $\Delta x = \Delta y = \delta$,为了满足稳定性条件,变形网格应该满足以下条件:

（1）共形网格在导体外部的面积应该大于网格面积的 5%。

（2）共形网格中 l_x 的最大值 $l_{\max}$ 与 $S(i, j)$ 应满足以下关系:

$$l_{\max} \cdot \delta < 12S(i, j) \tag{5.29}$$

式(5.29)为共形网格计算的共形条件。

对于不满足共形条件的共形网格,需要对磁场值做后向加权方案处理,从而使 FDTD 计算稳定。其方法是先通过式(5.28)计算 $n + \frac{1}{2}$ 时刻的磁场值,然后将 $n + \frac{1}{2}$ 时刻的磁场值和 $n - \frac{1}{2}$ 时刻的磁场值相加并除以 2,得到的值来代替 $n + \frac{1}{2}$ 时刻的磁场值,即

$$\boldsymbol{H}_z^{n+\frac{1}{2}}(i, j) = \frac{\boldsymbol{H}_z^{n+\frac{1}{2}}(i, j) + \boldsymbol{H}_z^{n-\frac{1}{2}}(i, j)}{2} \tag{5.30}$$

对于电场也做类似处理。三维理想导体共形网格类似于二维情况,如图 5.13 所示,只需将上述 xoy 面情况推广到 yoz 面和 zox 面上即可。

5.3.3 介质表面共形网格技术

在介绍介质表面共形网格技术前,先将详细阐述规则网格中介质参数的选取。在 Yee 元胞中,电场在元胞棱边上与元胞中心点在空间上相差半个网格,如图 5.15(a)所示;磁场则垂直于元胞表面,并且穿越相邻的两个元胞中心点,如图 5.15(b)所示。由于 Yee 元胞具有这样的特殊结构,在计算磁场和电场时,对介质参数选取有特殊的要求。

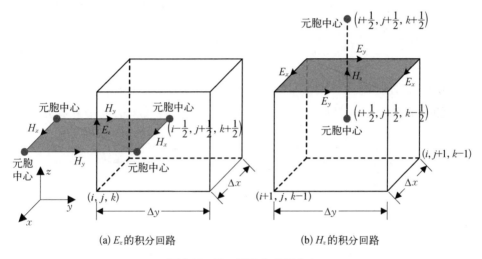

(a) E_z 的积分回路   (b) H_z 的积分回路

图 5.15 Yee 元胞电磁场分布

如图 5.15(a)所示,电场 E_z 位于图中四个元胞中心的中心,所以计算电场 E_z 时,需要四个元胞中心的介质参数的平均值,即

$$\varepsilon\left(i, j, k + \frac{1}{2}\right) = \frac{1}{4} \times \left[\begin{array}{l} \varepsilon\left(i - \frac{1}{2}, j + \frac{1}{2}, k + \frac{1}{2}\right) + \varepsilon\left(i - \frac{1}{2}, j - \frac{1}{2}, k + \frac{1}{2}\right) \\ + \varepsilon\left(i + \frac{1}{2}, j - \frac{1}{2}, k + \frac{1}{2}\right) + \varepsilon\left(i + \frac{1}{2}, j + \frac{1}{2}, k + \frac{1}{2}\right) \end{array} \right]$$

$$(5.31)$$

$$\sigma\left(i, j, k + \frac{1}{2}\right) = \frac{1}{4} \times \left[\begin{array}{l} \sigma\left(i - \frac{1}{2}, j + \frac{1}{2}, k + \frac{1}{2}\right) + \sigma\left(i - \frac{1}{2}, j - \frac{1}{2}, k + \frac{1}{2}\right) \\ + \sigma\left(i + \frac{1}{2}, j - \frac{1}{2}, k + \frac{1}{2}\right) + \sigma\left(i + \frac{1}{2}, j + \frac{1}{2}, k + \frac{1}{2}\right) \end{array} \right]$$

$$(5.32)$$

对于磁场,如图 5.15(b)所示,磁场线连接上下元胞中心,所以计算磁场时,

需要上下两个元胞中心的介质参数的平均值,即

$$\mu\left(i+\frac{1}{2},\,j+\frac{1}{2},\,k\right) = \frac{\mu\left(i+\frac{1}{2},\,j+\frac{1}{2},\,k+\frac{1}{2}\right) + \mu\left(i+\frac{1}{2},\,j+\frac{1}{2},\,k-\frac{1}{2}\right)}{2}$$

$$(5.33)$$

$$\sigma_m\left(i+\frac{1}{2},\,j+\frac{1}{2},\,k\right) = \frac{\sigma_m\left(i+\frac{1}{2},\,j+\frac{1}{2},\,k+\frac{1}{2}\right) + \sigma_m\left(i+\frac{1}{2},\,j+\frac{1}{2},\,k-\frac{1}{2}\right)}{2}$$

$$(5.34)$$

考虑共形网格中介质参数的选择,如图 5.16(a)所示,目标曲面将元胞分为两个空间,材质分别为材质 1 和材质 2,设材质 1 和材质 2 的电磁参数分别为

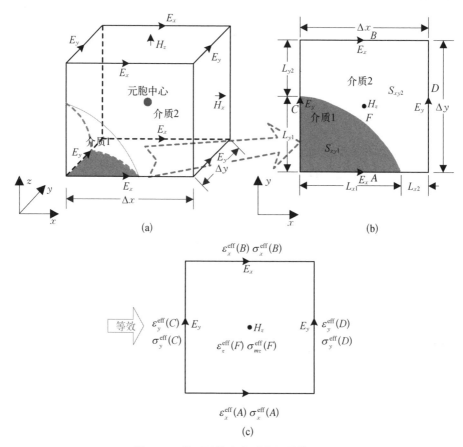

图 5.16 共形网格中介质参数的等效图

ε_1、σ_1、μ_1、σ_{m1} 和 ε_2、σ_2、μ_2、σ_{m2}。由于电场节点位于元胞棱边的中心,因此在计算元胞棱边上的电场值时,材质参数应由相应棱边上不同介质所占长度的加权平均得到。

考虑 *xoy* 面情况,如图 5.16(b)所示,左侧棱边上材质 1 和材质 2 占据的长度分别为 L_{y1} 和 L_{y2},下侧棱边上材质 1 和材质 2 占据的长度分别为 L_{x1} 和 L_{x2},通过对各棱边上材质参数加权平均,我们得到元胞的等效材质参数,如图 5.16(c)所示,图 5.16(c)中 *A*、*B*、*C*、*D* 四个电场节点的等效电磁参数分别为

$$\varepsilon_x^{\text{eff}}(A) = \frac{L_{x1}\varepsilon_1 + L_{x2}\varepsilon_2}{\Delta x}, \quad \sigma_x^{\text{eff}}(A) = \frac{L_{x1}\sigma_1 + L_{x2}\sigma_2}{\Delta x} \tag{5.35}$$

$$\varepsilon_x^{\text{eff}}(B) = \varepsilon_2, \quad \sigma_x^{\text{eff}}(B) = \sigma_2 \tag{5.36}$$

$$\varepsilon_y^{\text{eff}}(C) = \frac{L_{y1}\varepsilon_1 + L_{y2}\varepsilon_2}{\Delta y}, \quad \sigma_y^{\text{eff}}(C) = \frac{L_{y1}\sigma_1 + L_{y2}\sigma_2}{\Delta y} \tag{5.37}$$

$$\varepsilon_y^{\text{eff}}(D) = \varepsilon_2, \quad \sigma_y^{\text{eff}}(D) = \sigma_2 \tag{5.38}$$

在 Yee 元胞中,由于磁场节点位于 Yee 元胞表面的中心,磁场节点处的磁导系数和磁导率的等效值可由相应表面上不同介质所占面积的加权平均得到,则图 5.16(c)中磁场节点处的等效磁导系数和磁导率分别为

$$\mu_z^{\text{eff}}(F) = \frac{S_{xy1}\mu_1 + S_{xy2}\mu_2}{\Delta x \Delta y} \tag{5.39}$$

$$\sigma_{mz}^{\text{eff}}(F) = \frac{S_{xy1}\sigma_{m1} + S_{xy2}\sigma_{m2}}{\Delta x \Delta y} \tag{5.40}$$

式(5.39)和式(5.40)中 S_{xy1} 和 S_{xy2} 分别表示磁场节点所在元胞侧面上介质 1 和介质 2 所占面积。

介质目标共形 FDTD 电磁场迭代公式与常规 FDTD 形式相同,只需用以上电磁参数的等效值替换常规 FDTD 公式中电磁参数即可。

5.3.4　共形网格生成

本节基于常规 Yee 网格生成技术来实现对目标共形 Yee 网格的生成。因此本节对网格线与三角面元位置判断及目标介质填充不作赘述。

生成共形网格的关键技术是求解共形网格两侧被目标三角面元截断的网格

线长度和网格面面积,并由此来修正常规 FDTD 磁场迭代公式,从而达到减小"阶梯"近似误差、提高 FDTD 计算精度的目的。

以下给出生成共形网格的基本步骤:

(1)求解元胞网格线与目标表面三角面元交点坐标。设网格线沿 x 方向穿越三角面元模型,如图 5.17 所示。定义元胞中心点位于 Yee 元胞的左下角点处,并且定义靠近元胞中心点的被截断的元胞棱边长度为此共形元胞 x 方向共形网格线长度;由 5.2 节网格线与三角面元"投影求交法"计算网格线与三角面元的交点坐标;由交点坐标求出共形元胞中心点的编号及其所在共形元胞棱边长度,同时对共形网格线两端元胞中心点设置材质编号。

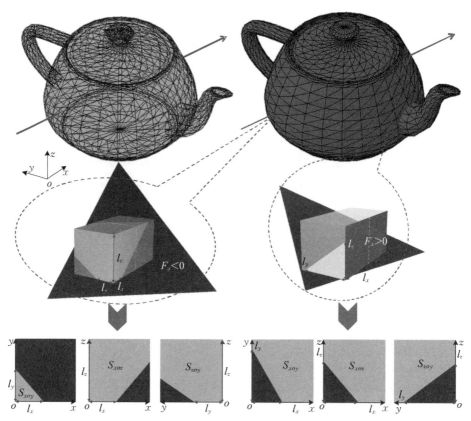

图 5.17 目标介质分界面处元胞网格等效长度

同理,网格线沿 y、z 方向情况下共形元胞棱边长度也容易求出。

(2)计算共形元胞面上各种材质分布的有效面积。定义元胞中心点所在共形面材质为元胞中心点材质;在已获得共形元胞中心点的材质和共形棱边长度

后,根据共形元胞与其相邻元胞棱边长度来求解各种介质在共形元胞各表面上
分布的有效面积;以 *xoy* 面为例,先对共形元胞 *xoy* 面上四个元胞棱边编号,如
图 5.18所示,共形元胞被三角面元截断的情况有 6 种,分别为元胞①-②棱边、
①-③棱边、①-④棱边、②-③棱边、②-④棱边和③-④棱边共形的情况,根据
这六种情况分别求解共形网格面的共形面积。

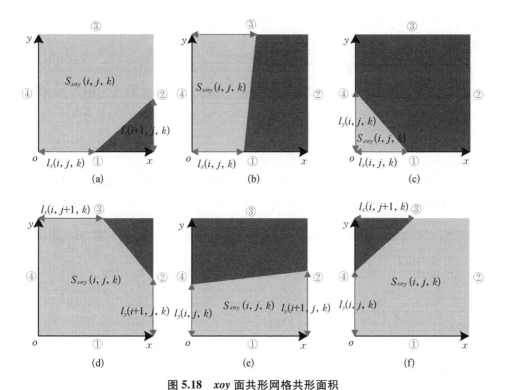

图 5.18   *xoy* 面共形网格共形面积

以下分别为图 5.18(a)~(f)共形情况下对应的共形网格共形面积计算
公式:

$$S_{xoy}(i, j, k) = \delta^2 - 0.5(\delta - l_x(i, j, k))l_y(i + 1, j, k) \qquad (5.41)$$

$$S_{xoy}(i, j, k) = \delta^2 - 0.5\delta(l_x(i, j, k) + l_x(i, j + 1, k)) \qquad (5.42)$$

$$S_{xoy}(i, j, k) = 0.5l_x(i, j, k)l_y(i, j, k) \qquad (5.43)$$

$$S_{xoy}(i, j, k) = \delta^2 - 0.5(\delta - l_x(i, j + 1, k))(\delta - l_y(i + 1, j, k)) \qquad (5.44)$$

$$S_{xoy}(i, j, k) = \delta^2 - 0.5\delta(l_y(i, j, k) + l_y(i + 1, j, k)) \qquad (5.45)$$

$$S_{xoy}(i, j, k) = \delta^2 - 0.5l_x(i, j+1, k)l_y(i, j, k) \tag{5.46}$$

xoz 面、yoz 面共形网格面积求解方法与 xoy 面情况类似。

（3）共形网格面积处理。对于含有金属介质或介质电导率很大的目标，为了同时满足计算程序的稳定性和降低"阶梯"近似误差，对大于规则网格面积 1/6 的共形网格按实际面积处理，对于小于规则网格面积 1/6 的共形网格，将其面积近似为规则网格面积的 1/6；对于无金属介质或介质电导率小的目标，共形网格面积不作任何处理。

（4）介质电磁参数的设置。对于非金属介质目标，共形网格的介质电磁参数的设置如同 5.3.3 节所述；对于金属介质目标，则对邻近金属介质的网格中心点的共形网格线长度置零，对金属介质网格中心点所在共形网格面积置零。

由图 5.19 可以看出，共形网格的棱边长度和元胞面面积经过了修正。上述生成共形网格适用于多种介质目标的 C-FDTD 计算，能够显著地减小网格"阶梯"近似带来的误差。

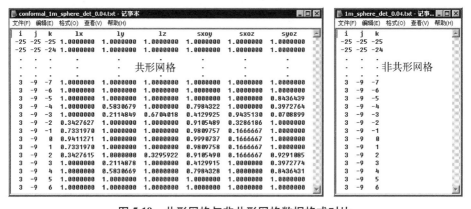

图 5.19 共形网格与非共形网格数据格式对比

5.4 FDTD 网格模型检验与验证

对 FDTD 网格模型进行可视化处理，通过剖分模型元胞网格图形的视觉分析与对比可以对模型网格的可靠性进行检验，并通过 FDTD 计算程序对模型文件调用并将计算结果与理论求解结果对比来验证建模的正确性。

5.4.1　基于 AutoCAD 的剖分模型重建

在重建剖分后模型时,如果直接按几何-电磁参量描述文件逐个生成目标内的所有长方体网格,不仅时间效率极低,而且需要大量的内存空间,必须进行恰当的处理以提高效率。文献[119]给出了一种将目标内部“挖空”的方法,即只显示目标表面的一层元胞,这样可减小一定的数据量。文献[115]提出了一种更节省数据量的方法:绘制一个小元胞和大长方体的运算量基本相同,因此,在三维网格空间中,任选一个坐标方向(如 z 轴方向,实践中可选择目标尺寸最大的方向)作为合并方向,对每一列另外两个坐标(x 坐标和 y 坐标)位置相同、材质相同且紧邻的目标网格进行合并,从而减少了待显示的元胞数目, 提高了显示效率。

以半径为 50 cm 的球为例,以步长 2 cm 剖分,共剖分了 65 752 个元胞,经过“挖空”方法处理后需显示表面的 6 384 个元胞;而经过沿 z 方向合并处理后,只需显示 1 976 个长方体,极大地提高了剖分后模型重构的效率,显示的效果如图 5.20 所示。

图 5.20　合并处理过的球剖分后模型

5.4.2　基于 OpenGL 的网格模型可视化

开放性图形库(open graphics library, OpenGL)是硅图(SGI)公司为其中、大型图形数据处理平台而发展的可以不依赖计算机硬件配备和窗口图形操作系统的图形开发平台,具有优良的可移植性和可重用性,成为事实上的图形标准。作为图形操作程序接口,OpenGL 包含数百个命令(函数),是一种面向过程的语言,通过库中这些命令(函数),可以对几乎所有各种物体或场景进行描述,还可以对对象实施平移、缩放、光照、纹理设置等功能来提高图形显示的效果。

利用 OpenGL 实现基本的图形操作并在显示设备上显示出需要的场景步骤如下所示。

(1)像素参数设置。对像素参数进行设置,这将会影响 OpenGL 输出显示场景的显示方式、颜色索引方式、颜色显示位数等图形显示效果。

(2)模型建立。依据物体的几何信息对物体进行模型建立和几何拓扑关系组织。

(3)舞台布置。将景物摆放在三维空间的正确位置,设置立体透视视觉体来对场景进行观察。

（4）显示效果处理优化。对物体的物理材质信息、场景的灯光类型和光照参数等进行设置。

（5）光栅化。实现场景物理、几何、色彩等数据能够在显示设备上显示的像素信息的转换。

由于 Yee 元胞是六面体形状的，所以可以通过 OpenGL 绘制四边形的函数来绘制模型 Yee 网格模型，该命令函数是 GL_QUADS，该函数的功能是通过读取四个点的坐标来绘制四边形。获得目标 FDTD 网格模型文件之后，可以通过网格中心点的坐标位置来计算出元胞各个顶点的坐标值，然后根据顶点坐标值绘制 Yee 元胞的各个面。图 5.21 给出三种复杂模型的真实视图、3DMax 模型视图和 OpenGL 网格模型视图。

图 5.21　三种复杂模型的真实视图、3DMax 模型视图和 OpenGL 网格模型视图

5.4.3　FDTD 网格模型验证算例

图 5.22(a)、(b) 分别是无限长理想导体圆柱的二维面域模型和剖分后模型，圆柱的半径 $r = 0.5$ m，剖分步长 $\delta = 5 \times 10^{-3}$ m，共剖分了 200×200 个网格。从剖分后模型看，剖分的网格已相当精细，阶梯边界近似引起的误差也很小。

将图 5.22 剖分后的圆柱模型导入到 FDTD 程序中，取入射平面波波长 $\lambda = 0.2$ m（属于 L 波段），入射角为 0°，采用 10 层的各向异性介质完全匹配层（UPML）吸收边界，计算得到了对波长归一化的双站雷达散射界面，如图 5.23 所示，图 5.23(a) 是 TM 波情形，图 5.23(b) 是 TE 波情形。从这两幅图中可以看到，由 FDTD 计算的 RCS 与 Mie 理论[120]结果吻合非常好，一方面说明了模型剖分方法的准确可靠，另一方面也验证了 FDTD 算法的正确性。

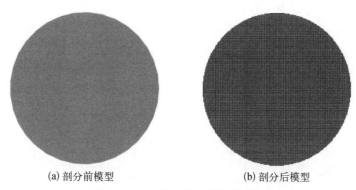

(a) 剖分前模型　　　　　　　　　　(b) 剖分后模型

图 5.22　无限长理想导体圆柱模型

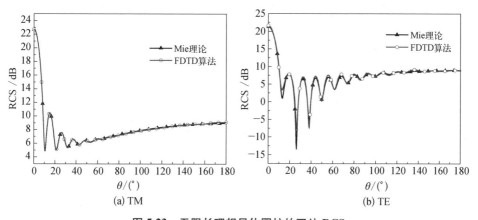

(a) TM　　　　　　　　　　　　　　(b) TE

图 5.23　无限长理想导体圆柱的双站 RCS

图 5.24(a)、(b)分别给出了介质球的三维实体模型和剖分后模型。介质球的半径 $r = 0.5\,\mathrm{m}$，介质电参数为 $\varepsilon_r = 4.0$，$\sigma = 0\,\mathrm{S/m}$，$\mu_r = 1.0$。剖分步长 $\delta =$

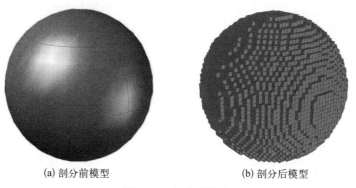

(a) 剖分前模型　　　　　　　　　　(b) 剖分后模型

图 5.24　介质球模型

0.025 m，离散后球的半径为 20δ。入射波波长 $\lambda = 1\,\text{m}$（属于甚高频 VHF 波段），入射方位角 $\theta = 0°$，$\varphi = 0°$，极化角 $\alpha = 0°$，采用各向异性介质完全匹配层（UPML）吸收边界。其远区 E 面（入射波电场和入射方向所决定的平面）和 H 面（入射波磁场和入射方向所决定的平面）的双站雷达散射截面分别见图 5.25(a) 和(b)。由图 5.25 可见，FDTD 计算结果与 Mie 理论符合较好，部分角度有偏差是由于离散的阶梯边界和 FDTD 算法的差分近似引起的。

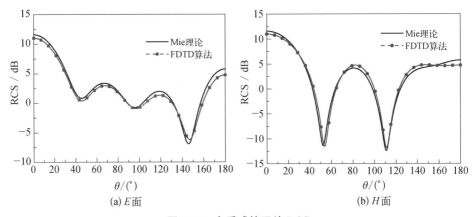

(a) E 面　　　　　　(b) H 面

图 5.25　介质球的双站 RCS

5.5　流场网格与电磁网格的参量耦合

计算流体力学通常采用有限体积法、有限元法和有限差分法等方法对控制方程在计算域内进行离散，进而对计算域内各个离散的点（即网格节点）上的流场参量（如温度、压强、密度等）进行数值求解。流场网格的质量将会直接影响流场计算的精度及收敛速度。一般而言，流场的计算网格大致可以分为两类：一类是结构化网格，另一类则是非结构化网格。结构化网格可以根据明确的法则对网格节点进行有序的命名，而这一特点对于非结构化网格中的节点位置则不能成立。如图 5.26 所示，i、j 分别表示结构化网格的编号方向，则图 5.26 中画圈的网格节点可以命名为 $i5\ j4$。而对于图 5.26(b) 所示的非结构化网格而言，其中的网格节点无法给予明确的命名[121]。

结构化网格能够较容易地拟合流场的区域边界，保证边界层网格，对网格生成质量控制较好，更有利于使计算收敛；而非结构化网格的自适应性好，能够更

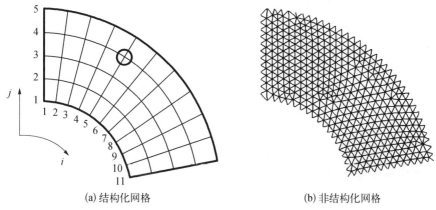

(a) 结构化网格 (b) 非结构化网格

图 5.26　流场的结构化网格与非结构化网格图示

灵活地处理复杂外形模型的流场网格,但是不能很好地控制网格质量,边界层网格也得不到保证,对计算量的要求也高。因此,在本书的高超声速流场的数值计算中采用结构化网格,并且流场参量在流场计算域内的结构化网格的中心进行赋值。

高超声速飞行目标的流场仿真和电磁仿真的计算域相同,然而两者的计算网格并不一致。与 FDTD 计算时采用的均匀网格不同,由于流场参量在物体表面附近变化剧烈而在远离物体时变化缓慢,因此在物面附近的流场网格通常需要加密而在远离物面的网格则相对稀疏,如图 5.27 所示。

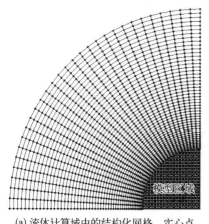
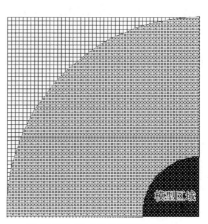

(a) 流体计算域中的结构化网格,实心点 (b) FDTD网格中的流场网格节点
表示流场计算网格节点

图 5.27　流场网格与电磁网格的多物理耦合

通常,在进行流场网格与电磁场网格的多物理量耦合时,先计算出流场网格节点上的等离子体复相对介电常数,然后将流场网格节点映射到电磁网格的内部,对包含其中的流场节点上的复相对介电常数采用式(5.47)取平均,得到电磁网格内的等效复相对介电常数,并将 $|\varepsilon_r - 1| < 10^{-4}$ 的电磁网格处理成“空气”网格[122]。式(5.47)中的 r_m 为映射到电磁网格内的第 m 个流场节点。

$$\varepsilon_r(\boldsymbol{r}_{\mathrm{FDTD}}) = \frac{1}{M} \sum_{m=1}^{M} \varepsilon_r(\boldsymbol{r}_m) \tag{5.47}$$

考虑到等离子体是色散介质,式(5.47)只能得到单一频率下的相对介电常数,不能反映等离子体鞘套随频率变化的电磁特性。本书采用处理色散介质的 ADE - FDTD(2, 4)来计算等离子体鞘套包覆目标的电磁散射特性,只需要知道等离子体鞘套的电磁网格的等离子体频率 ω_p 和碰撞频率 ν_c 即可。

$$\omega_p = \sqrt{\frac{n_e e^2}{m_e \varepsilon_0}} \tag{5.48}$$

$$\nu_c = n_s \sigma_{es} \sqrt{\frac{8\kappa T_\nu}{\pi m_e}} \tag{5.49}$$

采用式(5.48)和式(5.49)分别计算等离子体频率 ω_p 和碰撞频率 ν_c,式中 n_e 为电子数密度,n_s 为中性粒子数密度,T_ν 为振动温度,其他参量为常量或温度 T_ν 的函数。因此,采用与之前所述同样的思路,由式(5.50)和式(5.51)得到等离子体鞘套的 FDTD 网格内的等效振动温度、等效电子数密度以及等效中性粒子数密度,然后根据式(5.48)和式(5.49)计算出相应的等效等离子体频率 ω_p 和等效碰撞频率 ν_c,最后代入 ADE - FDTD(2, 4)的迭代公式进行计算。

$$T_\nu(\boldsymbol{r}_{\mathrm{FDTD}}) = \frac{1}{M} \sum_{m=1}^{M} T_\nu(\boldsymbol{r}_m) \tag{5.50}$$

$$n_{e,s}(\boldsymbol{r}_{\mathrm{FDTD}}) = \frac{1}{M} \sum_{m=1}^{M} n_{e,s}(\boldsymbol{r}_m) \tag{5.51}$$

实际上,流场的计算域可以很大,甚至可能远大于等离子体鞘套产生的范围,尤其是在飞行目标头部激波处,所以在对高超声速流场包覆目标进行电磁计算时,所建立的复合目标电磁网格范围其实可以根据实际情况选择比流场计算域范围小一些而不会对电磁计算结果产生很大的影响。

第6章
高超声速飞行器电磁散射特性分析

6.1 非磁化和磁化等离子体覆盖球锥的电磁散射

以球锥为例,分析非磁化和磁化等离子体对目标电磁散射的影响。球锥由半球和锥体组成。其中球半径 $r = 3$ cm,锥高 $h = 6$ cm,图6.1为球锥体三维模型,空间网格尺寸 $\delta = 0.2$ cm,球锥体剖分后模型如图6.2所示[123,124]。入射波为高斯脉冲,其中 $\tau = 30\Delta t$,$t_0 = 0.8\tau$,入射方向为锥体头部入射,分别覆盖非磁化和磁化等离子体,非磁化等离子体角频率 $\omega_p = 3.9845 \times 10^{10}$ rad/s,碰撞频率 $\nu = 5 \times 10^{10}$ Hz。磁化等离子体角频率 $\omega_p = 3.9845 \times 10^{10}$ rad/s,碰撞频率 $\nu = 5 \times 10^{10}$ Hz,电子回旋频率为 $\omega_b = 5 \times 10^{10}$ rad/s,外磁场方向沿 z 轴。等离子体厚度为1 cm。

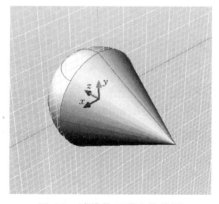

图6.1 球锥体三维实体模型

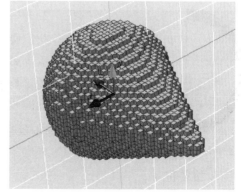

图6.2 球锥体剖分后模型

1. 等离子体全覆盖

覆盖后球锥的半径 $r = 4$ cm,锥高 $h = 8$ cm。图6.3为球锥全覆盖示意图。

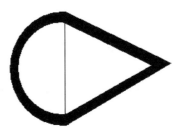

图 6.3　球锥全覆盖示意图

图 6.4(a)为目标的后向远区散射电场随时间的变化,图 6.4(b)为目标的单站 RCS 随频率的变化。

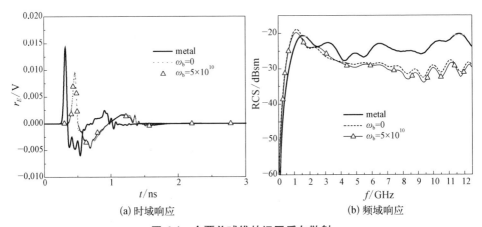

(a) 时域响应　　　　　　　　　　(b) 频域响应

图 6.4　全覆盖球锥的远区后向散射

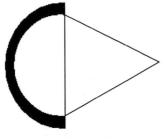

图 6.5　球冠覆盖的示意图

2. 球冠覆盖

我们研究部分覆盖球锥体的情形,在球冠部分覆盖等离子体,覆盖后尺寸 $r = 4$ cm。锥体部分不覆盖等离子体,所以尺寸不变化,球冠覆盖的示意图如图 6.5 所示。图 6.6(a)为目标的后向远区散射电场随时间的变化,图 6.6(b)为目标的单站 RCS 随频率的变化。

3. 锥体覆盖

对于锥体覆盖的情形。覆盖后锥体高度 $h = 8$ cm,球冠部分不覆盖,所以相应尺寸不变化,图 6.7 为锥体覆盖的示意图。图 6.8(a)为目标的后向远区散射电场随时间的变化,图 6.8(b)为目标的单站 RCS 随频率的变化,此时等离子体没有明显的隐身效果是受目标的形状影响。

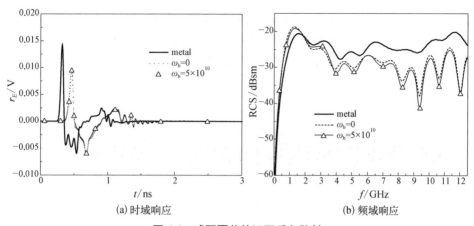

图 6.6　球冠覆盖的远区后向散射

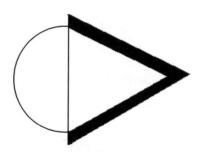

图 6.7　锥体覆盖的示意图

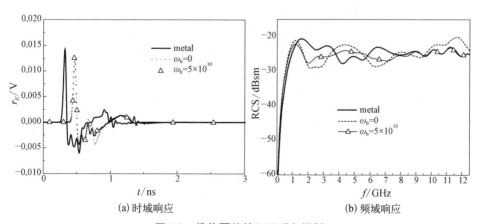

图 6.8　锥体覆盖的远区后向散射

　　上面讨论了等离子体全覆盖和部分覆盖球锥体的单站 RCS 变化情况。从计算中可以看出,磁化等离子体的隐身效果要优于非磁化等离子体。对于部分覆盖的目标,在来波方向覆盖等离子体可以有效地减小其后向 RCS,所以,对于飞行器来说,只要在突防方向覆盖等离子体就可以有效地减小雷达散射截面,达到很好的隐身效果。

6.2　等离子体电磁参数对覆盖目标 RCS 的影响

　　计算模型如图 6.9 所示。导体球半径 $r = 75$ mm,覆盖导体球的等离子体厚度 $d = 25$ mm。空间网格离散长度 $\Delta x = \Delta y = \Delta z - 2.5$ mm,时间离散步长 $\Delta t = 0.33 \times 10^{-14}$ s。电磁波入射角度 $\theta_i = 0°$, $\phi_i = 0°$,为消除入射电磁波的直流分量,采用微分高斯脉冲作为激励源,其形式为

$$E_i(t) = \frac{t - t_0}{\tau}\exp\left(-\frac{4\pi(t - t_0)^2}{\tau^2}\right) \tag{6.1}$$

式中, $\tau = 2/f_0$ (f_0 为入射电磁波频率上限); $t_0 = 60\Delta t$。入射波频率包含了 L、S、C 等常用波段。

图 6.9　等离子体覆盖导体球模型

　　图 6.10 为等离子体频率对等离子体覆盖目标 RCS 的影响。其中,碰撞频率 $\nu = 2\pi \times 1.0 \times 10^9$ Hz,等离子体频率分别为 $2\pi \times 1.0 \times 10^9$ rad/s、$2\pi \times 10.0 \times 10^9$ rad/s、$2\pi \times 100.0 \times 10^9$ rad/s。由图 6.10 可见,等离子体频率对等离子体覆盖目标的 RCS 具有较大影响。当入射电磁波频率小于 0.5 GHz 且等离子体频率较大(如 $\omega_p = 2\pi \times 10.0 \times 10^9$ rad/s、$\omega_p = 2\pi \times 100.0 \times 10^9$ rad/s) 时,电磁波无法

进入等离子体内部,导致等离子体与导体球组合目标在电磁波入射方向投影面积大于导体球本身,因此,组合目标的 RCS 大于导体球本身的 RCS;当入射电磁波频率小于 0.5 GHz 且等离子体频率较小时(如 $\omega_p = 2\pi \times 1.0 \times 10^9\,\text{rad/s}$),等离子体对组合体目标的 RCS 几乎没有影响。当入射电磁波频率大于 0.5 GHz 时,电磁波能够进入等离子体内部,并与等离子体相互作用,改变导体球本体的电磁散射特性。与此同时,碰撞等离子体所覆盖目标 RCS 随着等离子体频率的变化并不是线性变化的,如图 6.10 中,当 $\omega_p = 2\pi \times 10.0 \times 10^9\,\text{rad/s}$ 时,组合体目标的 RCS 整体小于导体球本体的 RCS,而 $\omega_p = 2\pi \times 10.0 \times 10^9\,\text{rad/s}$ 与 $\omega_p = 2\pi \times 100.0 \times 10^9\,\text{rad/s}$ 时,组合体目标的 RCS 大于本体目标的 RCS 或者与本体目标的 RCS 相当,尤其是,当等离子体频率足够大时($\omega_p = 2\pi \times 100.0 \times 10^9\,\text{rad/s}$),组合体目标的 RCS 在全频段内大于本体目标的 RCS,这主要是因为尽管在等离子体内部存在碰撞,但是等离子体频率大到一定程度时,电磁波仍然无法穿透等离子体,导致组合目标投影面积增大,相应的 RCS 也增大。

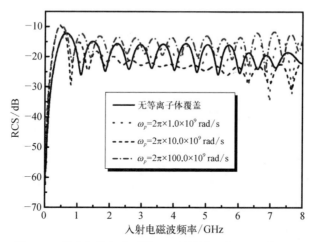

图 6.10 等离子体频率对等离子体覆盖目标 RCS 的影响

图 6.11 为碰撞频率对等离子体覆盖目标 RCS 的影响。其中,等离子体频率 $\omega_p = 2\pi \times 10.0 \times 10^9\,\text{Hz}$,碰撞频率分别为 $2\pi \times 1.0 \times 10^9\,\text{rad/s}$、$2\pi \times 10.0 \times 10^9\,\text{rad/s}$、$2\pi \times 100.0 \times 10^9\,\text{rad/s}$。 由图 6.11 可见,在入射电磁波频率小于 0.5 GHz 时,组合体目标的 RCS 仍然大于导体球本体的 RCS,与图 6.10 具有类似的现象。当碰撞频率较小时(如 $\nu = 2\pi \times 1.0 \times 10^9\,\text{rad/s}$),组合体目标的 RCS 高

于导体球本体的 RCS,主要是由于入射电磁波频率(最大为 8 GHz)小于等离子体频率(10 GHz)无法进入等离子体,导致投影面积增大,进而 RCS 增大;当碰撞频率逐渐增大时,由于碰撞作用,尽管入射电磁波频率低于等离子体频率,但是仍然能够进入等离子体内部传播并衰减,使得组合体目标反射的电磁波能量减小,进而 RCS 具有降低的趋势。

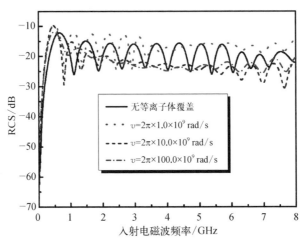

图 6.11　碰撞频率对等离子体覆盖目标 RCS 的影响

6.3　高超声速飞行器 RAM-CII 的电磁散射

以飞行试验 RAM-CII 为例,考虑更加接近于实际情况下高超声速飞行器与等离子体鞘套组合体目标的电磁散射特性,分析飞行速度、飞行高度对组合体目标 RCS 的影响,以及不同双站散射角度下 RCS 的变化特性。

RAM-CII 飞行器模型如图 6.12 所示,分别为飞行器模型在直角坐标系中的不同角度示图。RAM-CII 飞行器模型整体形状类似钝锥体,飞行器头部凸点至尾部长度约为 1.3 m,坐标系 yoz 面对应投影圆直径约为 0.6 m。

RAM-CII 飞行器从大气层外脱离运载火箭到着陆的飞行轨迹[4]如图 6.13 所示,由图 6.13 可以看出,在 40 km 以上,该飞行器均以高于马赫数 20 的速度飞行,会产生剧烈的等离子体效应,相应的等离子体鞘套内电子数密度以及碰撞频率较大;40 km 以下,随着减速装置的启动,飞行速度开始降低,在低空区

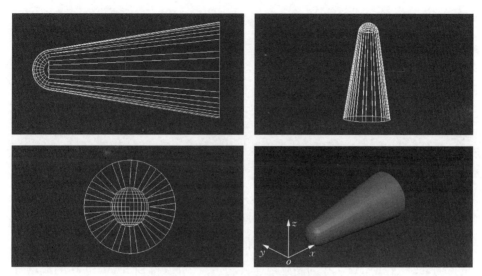

图 6.12　RAM‐CII 飞行器模型

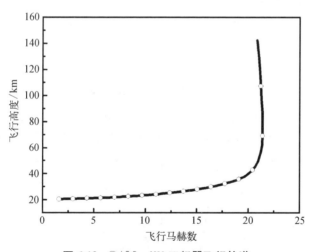

图 6.13　RAM‐CII 飞行器飞行轨道

域具有较小的速度,等离子体鞘套内的电子数密度以及碰撞频率会略小于高空区域。

　　RAM‐CII 飞行轨道如表 6.1 所示,给出了该飞行器的飞行轨道随时间的变化,即飞行高度与飞行速度随时间的变化。由表 6.1 可以看出,RAM‐CII 在飞行过程中,飞行马赫数基本保持在 20~22,属于高马赫数飞行。

表 6.1   RAM - CII 飞行轨道

高度/km	速度/(km/s)	发射时间/s	高度/km	速度/(km/s)	发射时间/s
105.16	7.62	380.1	51.82	7.62	406.9
89.92	7.65	387.7	45.72	7.56	410.1
85.34	7.65	390.0	39.62	7.38	413.2
80.77	7.65	392.3	35.05	7.10	415.7
74.68	7.65	395.4	30.48	6.55	418.3
70.10	7.65	397.7	25.91	5.61	421.1
65.53	7.65	400.0	19.81	3.29	426.3
60.96	7.65	402.3	15.24	1.28	434.1
56.39	7.65	404.7	12.19	0.39	446.2

根据表 6.1 所示飞行轨道选取在 402.3 s、413.2 s、421.1 s、446.2 s 时刻四个飞行场景,基于 RAM - CII 的高超声速流场仿真,可以得到 RAM - CII 的流场分布、等离子体鞘套外围流场参数以及相应的电磁参数,并依据流场所得到的电磁参数,计算了在所选四个飞行场景下的 RCS。

RAM - CII 飞行器在飞行过程中所产生的等离子体频率与碰撞频率的最大值与均值随时间变化(沿着飞行轨迹)曲线如图 6.14 所示。可以看出,等离子体频率随着时间先小幅增大,后急剧减小,这主要是因为飞行器是在高空发射,大气密度较低,等离子体变化并没有非常剧烈,随着飞行高度的降低,大气密度增大,等离子体变化变得剧烈,相应的等离子体频率也增大,而在接近地平面时,飞行速度降低,导致等离子体较弱,等离子体频率降低。等离子体鞘套内的碰撞频

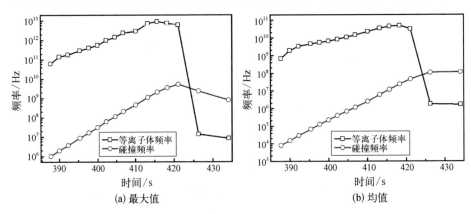

图 6.14   等离子体鞘套内等离子体频率与碰撞频率的最大值与
均值随飞行时间的变化

率变化趋势与等离子体频率相似,相对于等离子体频率更小,并且变化更加平滑,这主要是由于等离子体鞘套内中性粒子数、温度以及压强随着动态飞行场景的变化相对平缓。

采用正弦电磁波钝锥迎着头部入射,坐标系如图 6.12 所示,入射角度 $\theta = 90°$,$\varphi = 0°$,极化角 $\alpha = 0°$,入射波选用 C 波段电磁波,频率为 1 GHz。目标散射观察角度 θ 为 90°~270°。采用并行 FDTD 算法计算飞行高度为 30 km,飞行马赫数分别为 15、20、25 时联合目标的双站 RCS,目标 RCS 随角度变化趋势如图 6.15(a)所示,可以看出,当观察角 θ 为 90°时,RAM‐CII 飞行器及等离子体鞘套联合目标前向散射明显强于飞行器本体目标,且随着飞行速度增大,联合目标前向 RCS 有增强趋势。而当 θ 角为 135°~210°时,联合目标的 RCS 随 θ 角上下起伏趋势较本体目标明显减小。

改变 RAM‐CII 飞行器的飞行高度,采用 1 GHz 正弦电磁波入射联合目标,计算飞行高度为 50 km 下不同飞行速度对应联合目标的双站 RCS。如图 6.15(b)所示,联合目标 RCS 随角度 θ 变化趋势与本体目标对比和 30 km 高度下类似,不同之处在于,50 km 高度,飞行器不同马赫数下联合目标 RCS 值变化不大,主要因素可能在于 30 km 低空大气密度相对较大,飞行马赫数变化对等离子体密度也会有较大影响,因此联合目标 RCS 受马赫数变化影响也较大。

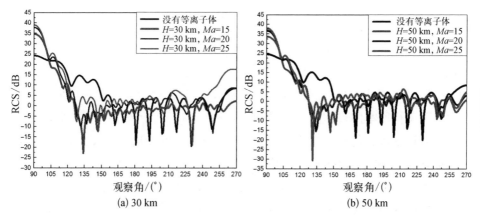

(a) 30 km　　　(b) 50 km

图 6.15　1 GHz 不同飞行马赫数下 RAM‐CII 飞行器双站 RCS

其次,改变入射电磁波的频率,采用 S 波段 3 GHz 激励源入射,入射角度 $\theta = 90°$,$\varphi = 0°$,极化角 $\alpha = 0°$,目标散射观察角度 θ 为 90°~270°。联合目标 RCS 随角度变化曲线如图 6.16(a)所示,当观察角 θ 为 90°时,联合目标前向散射都明显大于飞行器本体目标的散射,而且随着飞行速度的增大,联合目标前向 RCS 也逐步增大,与 1 GHz 频率下规律一致。角度 θ 在 110°~185°内,联合目标电磁散射整体上小于飞行器本体目标散射,原因可能是等离子体鞘套对电磁波的吸收作用。当观察角度 θ 为 270°时,联合目标的后向 RCS 值均大于本体目标后向 RCS。原因在于 RAM-CII 飞行器头部的等离子体密度较大,相对应的等离子体频率和碰撞频率也较大,对入射的电磁波表现出强散射特性。同样,改变飞行器的飞行高度至 50 km 高度,联合目标 RCS 曲线如图 6.16(b)所示,可以看出,联合目标 RCS 曲线变化规律与 30 km 高度下 RCS 曲线基本一致。

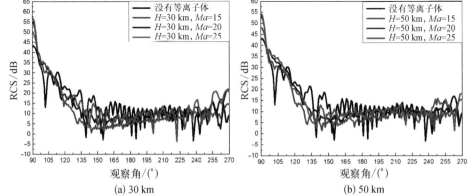

(a) 30 km　　　　　　　　　　(b) 50 km

图 6.16　3 GHz 不同飞行马赫数下 RAM-CII 飞行器双站 RCS

采用 C 波段电磁波作为入射波源,频率为 5 GHz,电磁波入射角度与观察角度保持不变。5 GHz 频率下,联合目标 RCS 随角度变化曲线如图 6.17(a)所示,30 km 高度下,观察角度分别为 90°和 270°,联合目标的前向散射和后向散射强度均大于飞行器本体目标的对应散射,且随着飞行器飞行速度增加,联合目标 RCS 值有逐渐增大趋势。同样,如图 6.17(b)所示,在 50 km 高度下,联合目标 RCS 曲线变化规律与 30 km 高度下基本类似。

若 RAM-CII 飞行器的飞行速度保持不变,改变飞行高度,联合目标 RCS 变化情况如图 6.18 所示。在飞行马赫数分别为 20、25 高超声速下,以 1 GHz 正弦电磁波迎着钝锥体头部入射,在图 6.18 中明显看出,同一飞行速度下,30 km、50 km 高度所对应的联合目标 RCS 曲线随角度变化趋势相对接近,而 70 km 高度所对应 RCS 曲线变化趋势与前两者差别大,原因可能在于不同高度下大气密度不同,使得飞行器飞行过程所产生的等离子体鞘套中等离子体频率和碰撞频率数值相差较大,导致散射特性的差异。

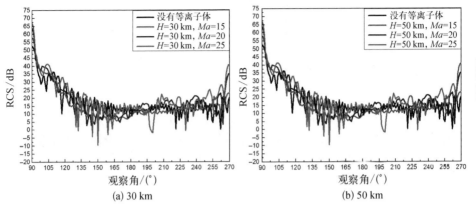

图 6.17　5 GHz 入射 30 km 高度不同飞行马赫数下 RAM－CII 飞行器双站 RCS

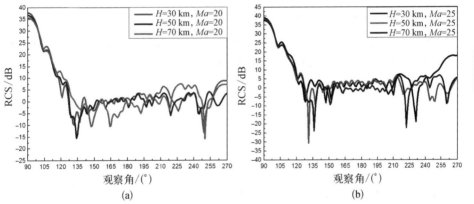

图 6.18　1 GHz 入射飞行马赫数为 20 不同飞行高度下 RAM－CII 飞行器双站 RCS

6.4　等离子体覆盖电大目标并行计算分析

6.4.1　并行计算性能分析

1. 并行计算加速比与效率

并行计算时,能够将整体的计算任务在多核之间平均分配,同时又不为每个核引入额外多余的计算量是理想目标。当计算任务分配给 n 个核心计算,每个核运算一个进程或线程,若串行程序运算需要时间为 T_{serial},则并行运算需要时间为 $T_{parallel} = T_{serial}/n$,此时称并行程序有线性加速比[59]。但是,实际计算中并不能够获得线性的加速,由于并行计算需要多个处理器协同工作,如果只增加并行进程数目也会增加协同工作所需要的耗时成本,如访问内存变得缓慢、交互数据的时间成本等。这些代价是串行程序计算所没有的。此外,随着并行进程或者线程数的增多,额外的访问内存成本、数据跨网络传输成本等开销也会不断增加。

所以,在此基础上定义了并行程序的加速比(speed),并行加速比一般是指并行算法处理同一个计算任务的速度比相对应的串行算法的处理速度快了多少。并行加速比定义公式如下所示[46]:

$$S'_p = \frac{t_{\text{seq}}}{t_p} \tag{6.2}$$

式中,t_{seq} 表示串行程序计算过程所耗时长;t_p 表示 p 个处理器并行计算过程所耗时长;S'_p 表示相对于串行程序计算耗时的并行加速比。

而 p 个处理器加速比针对并行计算内部比较,通常是指 p 个处理器并行耗时比单个处理器耗时快多少。p 个处理器加速比公式如下[125-128]:

$$S_p = \frac{t_1}{t_p} \tag{6.3}$$

式中,t_1 表示并行程序计算单个处理器计算过程所耗时长。

通常情况下,$t_1 > t_{\text{seq}}$,所以同等条件下,p 个处理器加速比也大于并行加速比。而 p 个处理器加速比是性能评测中的常用基准[129,130]。

并行效率是衡量并行计算性能的概念,与加速比相关,定义公式如下[46]:

$$E_p = \frac{S_p}{P} \tag{6.4}$$

式中,P 表示并行计算时处理器的数量。

2. 并行程序计算效率分析

以 RAM-CII 钝锥飞行器及等离子体鞘套联合目标的电磁散射为例,采用不同进程数、不同虚拟拓扑结构并行计算,测试并行 FDTD 程序的计算效率。

选用两台惠普 Z840 工作站作为计算硬件设备,运行总内存为 256 GB,四个 CPU 共 48 个处理器核心,96 个计算核心,工作站之间通过以太网连接。

以计算 30 km 高度、15Ma 速度下联合目标的 RCS 问题为例,入射电磁波频率为 1 GHz,FDTD 元胞的剖分尺寸设置为入射波长的 1/15,则目标计算区域的网格规模为 192×142×142。分别采用从进程为 1、2、4、8、12、16、24、27、32、36,对应虚拟拓扑结构分别为 1×1×1、2×1×1、2×2×1、2×2×2、3×2×2、4×4×1、4×3×2、3×3×3、4×4×2、4×3×3,迭代时间步为 3 327 步。并行计算目标 RCS,1 GHz 频率下不同并行方案计算耗时情况如表 6.2 所示。

表 6.2　1 GHz 频率下不同并行方案计算耗时情况

并行计算 从进程数	虚拟拓扑 结构	CPU 使用率/%	内存 占用/GB	计算 总耗时/s
1	1×1×1	1	7.10	4 183.750
2	2×1×1	3	7.21	2 200.125
4	2×2×1	8	7.40	1 235.375
8	2×2×2	11	7.78	802.375
12	3×2×2	14	8.11	698.250
16	4×4×1	18	8.31	755.875
24	4×3×2	28	9.39	1 012.500
27	3×3×3	30	9.79	1 220.125
32	4×4×2	36	10.79	1 514.750
36	4×3×3	39	11.27	1 577.250

表 6.2 中,给出了并行计算同一目标 RCS 时使用不同进程数、不同虚拟拓扑结构对应的内存、CPU 硬件资源的消耗情况及计算总耗时情况。图 6.19(a)和(b)分别反映了不同进程数下对应硬件资源占用的变化趋势,而图 6.20 则反映了不同进程数所对应并行计算耗时情况。

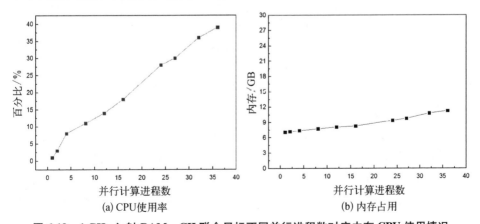

(a) CPU 使用率　　　　　　(b) 内存占用

图 6.19　1 GHz 入射 RAM‐CII 联合目标不同并行进程数对应内存 CPU 使用情况

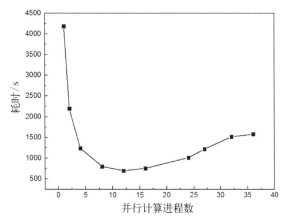

图 6.20　1 GHz 入射 RAM - CII 联合目标不同并行进程数对应耗时情况

根据式(6.3)和式(6.4),即可计算出不同进程数、不同虚拟拓扑结构下对应的加速比和并行效率,如表 6.3 所示。

表 6.3　1 GHz 频率下不同并行方案对应的加速比和并行效率

并行计算从进程数	虚拟拓扑结构	计算总耗时/s	加速比/%	并行效率/%
1	1×1×1	4 183.750		
2	2×1×1	2 200.125	190.16	95.08
4	2×2×1	1 235.375	338.66	84.67
8	2×2×2	802.375	521.42	65.18
12	3×2×2	698.250	599.18	49.93
16	4×4×1	755.875	553.50	34.59
24	4×3×2	1 012.500	413.20	17.21
27	3×3×3	1 220.125	342.90	12.70
32	4×4×2	1 514.750	276.20	8.63
36	4×3×3	1 577.250	265.26	7.37

由图 6.21 可得,并行 FDTD 算法最高并行效率能够达到 95.08%,随着并行进程数的增多,并行效率相对逐渐下降,由于进程多越多,通信成本越高,进程之间额外等待耗时也会不断增加,促使并行效率越来越低,加速比也会如图 6.21 中所示发生起伏变化。该算例中,在进程数为 12、拓扑结构为 3×2×2 的情形下并行 FDTD 程序的最大加速比能够达到 599.18%,相当于单个进程迭代计算速度的近 6 倍。但图 6.21 中也发现并非进程数越多,CPU 使用率越

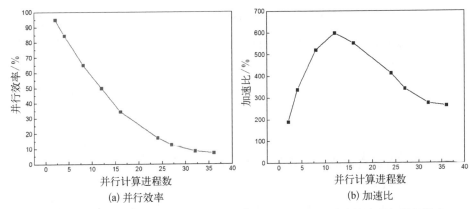

(a) 并行效率　　　　　(b) 加速比

图 6.21　1 GHz 入射 RAM‐CII 联合目标不同并行进程数对应加速比与并行效率

高,计算速度就越快。相反,速度反而会变慢。由于进程数越多,相应需要通信传递数据的网格数量也越多。不同虚拟拓扑结构下交界面 FDTD 总的网格通信量如下[60]:

$$L = (P_x - 1)N_yN_z + (P_y - 1)N_xN_z + (P_z - 1)N_xN_y \qquad (6.5)$$

式中,L 表示该拓扑结构下总的网格通信量;P_x、P_y 和 P_z 分别表示拓扑结构三个维度上对应的拓扑数;N_x、N_y 和 N_z 分别表示坐标系的三个维度上的网格数目。因此,基于式(6.5),各个并行计算方案对应的并行 FDTD 单个时间步的网格通信量如表 6.4 所示。

表 6.4　1 GHz 频率下不同并行方案对应的网格通信量

并行计算从进程数	虚拟拓扑结构	耗时/s	网格通信量
2	2×1×1	2 200.125	20 164
4	2×2×1	1 235.375	47 428
8	2×2×2	802.375	74 692
12	3×2×2	698.250	94 856
16	4×4×1	755.875	142 284
24	4×3×2	1 012.500	142 284
27	3×3×3	1 220.125	149 384
32	4×4×2	1 514.750	169 548
36	4×3×3	1 577.250	169 548

表 6.4 中,可以看出,并行计算进程数不断增加,单个时间步从进程之间通信网格量也不断增加,数据传输耗时成本会不断累积,影响并行计算的速度。因此,建立虚拟拓扑结构时,需要预先计算同等进程下单个时间步网格的通信量,选择网格通信量少的拓扑结构;同时,还需要注意负载均衡问题。针对计算区域三个维度上网格规模,尽可能地选择合适的拓扑结构,以提高并行 FDTD 算法的计算性能。

6.4.2　基于高性能计算集群的并行 FDTD 计算

基于西安电子科技大学高性能计算中心集群(HPCC)系统,实现并行 FDTD 算法程序在 Linux 系统下的编译、运行、计算。集群系统融合了先进的 CPU/GPU、CPU/MIC 异构计算架构,使用全互联无阻塞的 Infiniband 高速网络,目前理论峰值计算能力达到 110 万亿次每秒。集群总共有 136 个计算节点,7 个 GPU 节点,3 个 mic 节点,总存储达到 153 TB,理论浮点峰值计算性能可以达到 85.52 TFlops。高性能计算集群系统硬件设备从功能性上可将节点分为登录节点、计算节点、存储节点、管理节点四种类型。其中,计算节点共 136 个,有 7 个刀片箱。节点依次命名为 node1～node136,而 GPU 节点共 7 个,也依次命名为 gpu01～gpu07,3 个 mic 节点命名为 mic01～mic03,节点之间通过浪潮 cluster engine 作业管理系统(基于 torque 和 maui)提交作业,加载计算程序。

单个计算节点采用 2 个英特尔至强系列处理器,型号为 E5 - 2692 v2,主频达到 2.60 GHz,单个处理器有 12 核,即每个计算节点共 24 个计算核心。采用 64 GB 的内存配置,1.8 TSAS 硬盘的存储配置。计算节点既可满足串行任务的计算,也可实现多节点并行任务计算,同时能够支持多种并行编程模式。存储系统由 AS1000g6 光纤存储与扩展柜和 6 个 IO 节点构成 lustre 文件系统,提供集群系统的全局并行文件系统,存储容量为 153 TB,所有用户目录直接建立在该文件系统下。

1. 单个节点多进程并行计算性能

以等离子体鞘套覆盖 RAM - CII 目标的 RCS 为例,采用高斯波束入射联合目标,剖分后联合目标的网格规模为 200×174×174,总迭代时间步为 4 014 步,使用高性能集群系统单个计算节点,采用并行 FDTD 算法计算目标 RCS,基于单个节点不同方案对应并行性能如表 6.5 所示。

表 6.5　基于单个节点不同方案对应并行性能

计算从进程数	虚拟拓扑结构	计算总耗时/s	单步网格总通信量	加速比/%	并行效率/%
1	1×1×1	3 344.5			
2	2×1×1	1 147.5	30 276	291.5	97.2
4	4×1×1	1 222.5	90 828	273.6	54.7
	2×2×1	1 147.5	65 076	291.5	58.3
6	6×1×1	1 026.3	151 380	325.9	46.6
	3×2×1	987.0	95 352	338.9	48.4
8	8×1×1	974.5	211 932	343.2	38.1
	4×2×1	986.7	125 628	339.0	37.7
	2×2×2	962.5	99 876	347.5	38.6
12	12×1×1	1 118.0	333 036	299.2	23.0
	6×2×1	1 074.3	186 180	311.3	23.9
	3×2×2	1 041.5	130 152	321.1	24.7
16	8×2×1	1 460.0	246 732	229.1	13.5
	4×2×2	1 335.7	160 428	250.4	14.7
	4×4×1	1 416.5	195 228	236.1	13.9

　　从表 6.5 中明显看出，基于单个节点计算该算例，程序并行计算能够达到最高的并行效率为 97.2%，之后随着并行进程数的增多，各个进程之间的通信成本也会不断增加，效率随之会不断降低。而当具有 8 个从进程、拓扑结构为 2×2×2 时，并行方案的计算速度能够达到最快，为单个进程运行时计算速度的 3.5 倍。当从进程数相同数，不同拓扑结构所对应的并行方案的计算耗时也不同，通过计算单个时间步元胞网格通信总量发现：相同进程数下，不同拓扑结构所对应的并行方案的单个时间步通信网格数量越少，相对应并行方案所消耗的时间也越少。因此，在选择并行方案时，相同的进程数下，可提前计算整个子区域需要通信网格总数量，选择数量相对少的拓扑结构并行方案可达到最快并行计算速度。

　　2. 多个节点多进程并行计算耗时分析

　　依然以等离子体鞘套覆盖 RAM－CII 目标为例，选用高性能集群系统的 4 个计算节点进行并行计算，分别采用 8 个从进程、12 个从进程、16 个从进程所对应不同并行方案，比较同等情况下多节点并行耗时与单个节点并行耗时情况，具体耗时信息如表 6.6 所示。

表 6.6　多节点与单个节点并行耗时比较

计算从进程数	虚拟拓扑结构	多节点并行并案耗时/s	单个节点并行方案耗时/s
8	8×1×1	981.3	974.5
	4×2×1	989.0	986.7
	2×2×2	970.3	962.5
12	12×1×1	1 130.7	1 118.0
	6×2×1	1 086.5	1 074.3
	3×2×2	1 049.2	1 041.5
16	8×2×1	1 473.1	1 460.0
	4×2×2	1 342.5	1 335.7
	4×4×1	1 427.7	1 416.5

从表 6.6 中明显看出，当并行计算方案的进程数和虚拟拓扑结构相同时，将多进程分布在多个计算节点并行计算的耗时明显要比单个节点并行计算的耗时多，原因主要在于多计算节点并行计算进程之间通信成本高于同等条件下单个节点并行计算通信成本，不同计算节点之间数据传输速度相对较慢，进而影响了多节点并行的总耗时。

3. 高性能集群 FDTD 并行计算算例

基于西安电子科技大学高性能集群系统，利用并行 FDTD 算法并行计算典型飞行器目标 RCS。以 RAM – CII 作为目标，采用高斯波束迎头入射钝锥目标，入射角度 $\theta = 90°$，$\varphi = 0°$，极化角 $\alpha = 0°$，时间步长 $\Delta t = \delta/2c$，脉冲宽度 $\tau = 30\Delta t$，并行仿真计算瞬态场下组合体在不同飞行场景下后向 RCS 随频率变化趋势。

如图 6.22 和图 6.23 所示，分别对应 30 km 高度、马赫数 15 和 50 km 高度、马赫数 20 飞行场景下飞行器及等离子体鞘套联合目标单站 RCS 随频率变化情况与本体目标的对比。从图 6.22 中明显看出，在 30 km 高度马赫数为 15 的飞行场景下，当入射电磁波的频率在 L、S 波段时，联合目标的后向 RCS 明显小于 RAM – CII 飞行器本体的后向 RCS，此时电磁波进入等离子体内部传播，衰减明显，相应后向散射的能量明显减弱，等离子体鞘套对此频段电磁波主要呈现吸收作用。而当电磁波频率在 4~6 GHz 频率段内时，联合目标后向散射逐渐增强的趋势明显，慢慢大于飞行器本体目标的后向 RCS,此时该频段内入射波难以进入包裹飞行器的等离子体鞘套内,等离子体表现出对电磁波强的散射作用。而图 6.23 中,在 50 km 高度马赫数为 20 的飞行场景下,相较于图 6.22 的飞行场景,联合目标的后向电磁散射明显增强,且在 L、S、C 波段大部分入射电磁波对应联合目标单站 RCS 值与飞行器本体目标差值较小,除了 L 波段的 0~1 GHz 组合体的单站 RCS 小于本体目标,以及 C 波段 5~6 GHz 组合体的单站 RCS 大于本体目标。整体观察,等离子体鞘套对入射电磁波呈现了散射增强效应。原因可能在于飞行器速度增加时,导致机体表面等离子体鞘套相应变厚,等离子体频率和碰撞频率增强所致。

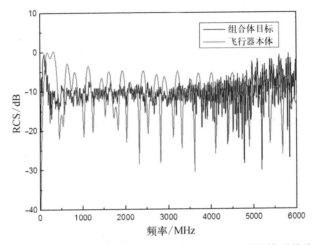

图 6.22　**30 km 高度马赫数为 15 飞行场景下 RAM - CII 模型单站 RCS**

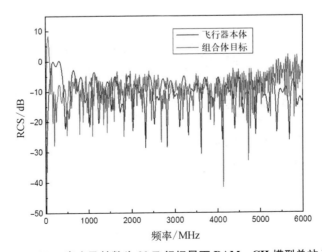

图 6.23　**50 km 高度马赫数为 20 飞行场景下 RAM - CII 模型单站 RCS**

在高性能集群系统上,RAM－CII目标RCS计算资源使用情况如表6.7所示。

表6.7 RAM－CII目标RCS计算资源使用情况

飞 行 场 景	入射波最高频率/GHz	计算节点数	使用计算核心数	虚拟拓扑结构	并行计算耗时/min
30 km,马赫数为15	6	3	17	4×2×2	1 865
50 km,马赫数为20	6	3	17	4×2×2	1 792

6.5 类HTV－2高超声速飞行器电磁散射

基于美国全球快速打击战略,美国军方提出"猎鹰HTV－2号"超声速飞机(falcon hypersonic technology vehicle 2, HTV－2)计划,在2003年由洛克希德·马丁公司负责制造,2010年4月,"猎鹰"进行了首次发射,进入飞行试验9 min后,飞机坠入海中。2011年8月,"猎鹰"HTV－2飞机在美国加利福尼亚州成功发射升空,在独自飞行并返回地球时失去联系。

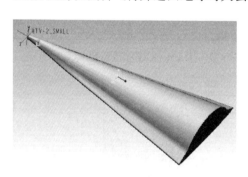

图6.24 类HTV－2飞行器模型

类HTV－2飞行器模型如图6.24所示,其长、宽、高分别为2 m、0.9 m、0.3 m。

采用高斯脉冲波束作为入射激励源,时间步长$\Delta t = \Delta/2c$,高斯脉冲系数$\tau = 30\Delta t$,当入射角θ为45°、φ为0°时,等离子体鞘套与类HTV－2组合体目标电磁散射如图6.25所示,在L波段类HTV－2本体散射大于组合体散射,随着频率增大,覆盖等离子体的类HTV－2目标后向电磁散射明显增强,且在S、C波段组合体的单站电磁散射大于本体目标,等离子体鞘套对入射电磁波呈现了散射增强。

图6.26给出了$\theta = 90°$、$\varphi = 0°$和45°不同入射角度下等离子体鞘套与类HTV－2组合体目标电磁散射。由图6.26中看出,在L、S波段随入射俯仰角的增大,等离子体鞘套的后向RCS增大,振荡周期逐渐减小。

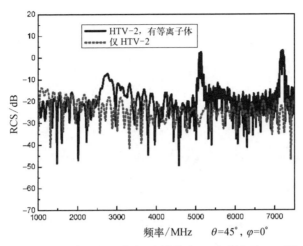

图 6.25　类 HTV－2 组合体在 30 km 高度、马赫数为 15、入射角度 $\theta=45°$、$\varphi=0°$ 的 RCS

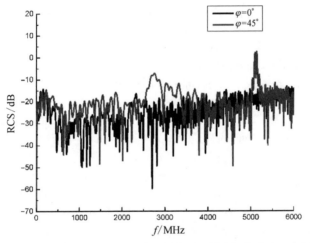

图 6.26　30 km 高度、马赫数为 15、$\theta=90°$、$\varphi=0°$ 和 45°所对应类 HTV－2 组合体单站 RCS

参 考 文 献

［1］中国人民解放军总装备部军事训练教材编辑工作委员会. 再入物理［M］. 北京：国防
工业出版社，2005.

［2］常雨. 超声速/高超声速等离子体流场数值模拟及其电磁特性研究［D］. 长沙：国防科
技大学，2009.

［3］Rybak J P, Churchill R J. Progress in reentry communications［J］. IEEE Transactions on
Aerospace and Electronic Systems, 1971, AES7(5)：879 – 894.

［4］Grantham W L. Reentry plasma measurements using a four-frequency reflectometer［J］. NASA
Special Publication, 1971：252 – 316.

［5］Park C. Calculation of nonequilibrium radiation in the flight regimes of aeroassisted orbital
transfer vehicles［C］. Proceedings of the Aerospace Sciences Meeting, Reno, 1984.

［6］Park C. On convergence of computation of chemically reacting flows［J］. American Institute of
Aeronautics and Astronautics Paper, 1985, 85：478 – 513.

［7］Candler G V, Macormarck R W. Computation of weakly ionized hypersonic flows in
thermochemical nonequilibrium［J］. Journal of Thermophysics and Heat Transfer, 1991,
5(3)：266 – 273.

［8］Park C. Nonequilibrium hypersonic aerothermodynamics［M］. New York：Wiley, 1990.

［9］Palmer G. The development of an explicit thermochemical nonequilibrium algorithm and its
applications to compute three dimensional AFE flowfields［J］. American Institute of
Aeronautics and Astronautics Paper, 1989.

［10］Gupta R N, Yos J M, Thompson R A, et al. A review of reaction rates and thermodynamic
and transport properties for an 11-species air model for chemical and thermal nonequilibrium
calculations to 30000 K［J］. NASA STI/Recon Technical Report N, 1990, 90：27064.

［11］Mitcheltree R A. A parametric study of dissociation and ionization models at 12 km/s［J］.
American Institute of Aeronautics and Astronautics Paper, 1991, 91：619 – 627.

［12］Coquel F, Marmignon C. A roe-type linearization for the Euler equations for weakly ionized
multi-component and multi-temperature gas ［C］. 12th Computational Fluid Dynamics
Conference, San Diego, 1995.

［13］Josyula E, Bailey F W. Governing equations for weakly ionized plasma flowfields of aerospace
vehicles［J］. Journal of Spacecraft and Rockets, 2003, 32(6)：845 – 857.

［14］Hoffmann K A, Siddiqui M S, Chiang S T. Difficulties associated with the heat flux computations of high speed flows by the navier-stokes equations[C]. 29th Aerospace Sciences Meeting, AIAA 91 - 0467, Reno, 1991.

[15] Hoffmann K A, Suzen Y B. Numerical computation of high-speed base flows[C]. AIAA 97 - 15746, Reno, 1997.

[16] Hoffmann K A, Papadakis M, Suzen Y B. Aeroheating and skin friction computations for a blunt body at high speeds[C]. AIAA 94 - 0445, Reno, 1994.

[17] Suzen Y B, Hoffmann K A. Performance study of turbulence models for heat transfer predictions[C]. AIAA 97 - 33278, Atlanta, 1997.

[18] Lee J H, Rho O H. Accuracy of AUSM+ scheme in hypersonic blunt body flow calculations [C]. AIAA 98 - 1538, Seoul, 1998: 204 - 211.

[19] Lee J H, Rho O H. Numerical analysis of hypersonic viscous flow around a blunt body using ROE's FDS and AUSM+ Schemes[C]. AIAA 97 - 2054, Reno, 1997.

[20] Lee K P, Gupta R N. Viscous-shock-layer analysis of hypersonic flows over long slender vehicles[M]. Washington: NASA Langley Research Center, 1992.

[21] Sotnikov V I, Mudaliar S, Genoni T C, et al. Shear flow instability in a partially-ionized plasma sheath around a fast-moving vehicle[J]. Physics of Plasmas , 2011, 18, 062104.

[22] Coquel F, Marmignon C. Numerical methods for weakly ionized gas [J]. Astrophysics and Space Science,1998, 260(1/2):15 - 27.

[23] Akey N D, Cross A E. Radio blackout alleviation and plasma diagnostic results from a 25,000 foot per second blunt-body reentry [M]. Washington: National Aeronautics and Space Administration, 1970.

[24] Sulluven L J. The early history of reentry physics research at lincoln laboratory[J]. Citeseer, 1991: 113 - 132.

[25] Hayami R A. The application of instrumented light gas gun facilities for hypersonic aerophysics research [C]. Proceedings of the American Institute of Aeronautics and Astronautics 17th Aerospace Ground Testing Conference, Reston, 1922: 221 - 243.

[26] Lin T, Sproul L, Hall D, et al. Reentry plasma effects on electromagnetic wave propagation [C]. 26th Plasma dynamics and Lasers Conference, Reston, 1995: 19 - 42.

[27] Usui H, Yamashita F, Matsumoto H. Computer experiments on the measurement of reentry plasma with radio waves[J]. Advances in Space Research, 1999, 24(8): 1069 - 1072.

[28] Mather D E, Pasqual J M, Sillence J P, et al. Radio frequency(Rf) black out during hypersonic reentry [C]. AIAA/CIRA 13th International Space Planes and Hypersonics Systems and Technolo, Caputa, 2005.

[29] Yee K S. Numerical solution of initial boundary value problems involving Maxwell's equations in isotropic media [J]. IEEE Transactions on Antennas and Propagation, 1966, 14: 802 - 806.

[30] Taflove A, Hagness S C, Piket-May M. Computational electromagnetics: The finite-difference time-domain method[J]. The Electrical Engineering Handbook, 2005, 5: 629 - 670.

[31] Liao Z P, Wong H, Yang B P, et al. A transmitting boundary for transient wave analysis[J]. Scientia Sinica, 1984, 27(10): 1063 - 1076.

[32] Bayliss A, Turkel E. Radiation boundary conditions for wave — like equations [J]. Communications on Pure and Applied Mathematics, 1980, 33(6): 707-725.

[33] Mur G. Absorbing boundary conditions for the finite-difference approximation of the time-domain electromagnetic-field equations [J]. IEEE Transactions on Electromagnetic Compatibility, 1981, 23(4): 377-382.

[34] Berenger J P. A perfectly matched layer for the absorption of electromagnetic waves[J]. Journal of Computational Physics, 1994, 114(2): 185-200.

[35] Berenger J P. Perfectly matched layer for the FDTD solution of wave-structure interaction problems[J]. IEEE Transactions on Antennas and Propagation, 1996, 44(1): 110-117.

[36] Berenger J P. Three-dimensional perfectly matched layer for the absorption of electromagnetic waves[J]. Journal of Computational Physics, 1996, 127(2): 363-379.

[37] Sacks Z S, Kingsland D M, Lee R, et al. A perfectly matched anisotropic absorber for use as an absorbing boundary condition[J]. IEEE Transactions on Antennas and Propagation, 1995, 43(12): 1460-1463.

[38] Gedney S D. An anisotropic perfectly matched layer-absorbing medium for the truncation of FDTD lattices [J]. IEEE Transactions on Antennas and Propagation, 1996, 44(12): 1630-1639.

[39] Sullivan D M. An unsplit step 3-d pml for use with the FDTD method[J]. Microwave and Guided Wave Letters, 1997, 7(7): 184-186.

[40] Luebbers R J, Kunz K S, Schneider M, et al. A finite-difference time-domain near zone to far zone transformation[electromagnetic scattering][J]. IEEE Transactions on Antennas and Propagation, 1991, 39(4): 429-433.

[41] Yee K S, Ingham D, Shlager K. Time-domain extrapolation to the far field based on FDTD calculations[J]. IEEE Transactions on Antennas and Propagation, 1991, 39(3): 410-413.

[42] Shlager K, Smith G. Near-field to near-field transformation for use with fdtd method and its application to pulsed antenna problems[J]. Electronics Letters, 1994, 30(16): 1262-1264.

[43] Ramahi O M. Near-and far-field calculations in FDTD simulations using kirchhoff surface integral representation[J]. IEEE Transactions on Antennas and Propagation, 1997, 45(5): 753-759.

[44] Martin T. An improved near-to far-zone transformation for the finite-difference time-domain method[J]. IEEE Transactions on Antennas and Propagation, 1998, 46(9): 1263-1271.

[45] Luebbers R, Hunsberger F P, Kunz K S, et al. A frequency-dependent finite-difference time-domain formulation for dispersive materials [J]. IEEE Transactions on Electromagnetic Compatibility, 1990, 32(3): 222-227.

[46] Luebbers R J, Hunsberger F, Kunz K S. A frequency-dependent finite-difference time-domain formulation for transient propagation in plasma[J]. IEEE Transactions on Antennas and Propagation, 1991, 39(1): 29-34.

[47] Luebbers R J, Hunsberger F. FDTD for N Th-order dispersive media[J]. IEEE Transactions on Antennas and Propagation, 1992, 40(11): 1297-1301.

[48] Hunsberger F, Luebbers R, Kunz K. Finite-difference time-domain analysis of gyrotropic

media. i. magnetized plasma[J]. IEEE Transactions on Antennas and Propagation, 1992, 40 (12): 1489-1495.

[49] Luebbers R, Steich D, Kunz K. Fdtd calculation of scattering from frequency-dependent materials[J]. IEEE Transactions on Antennas and Propagation, 1993, 41(9): 1249-1257.

[50] Siushansian R, Lovetri J. A comparison of numerical techniques for modeling electromagnetic dispersive media[J]. Microwave and Guided Wave Letters, 1995, 5(12): 426-428.

[51] Kelley D F, Luebbers R J. Piecewise linear recursive convolution for dispersive media using FDTD[J]. IEEE Transactions on Antennas and Propagation, 1996, 44(6): 792-797.

[52] Gandhi O P, Gao B Q, Chen J Y. A frequency-dependent finite-difference time-domain formulation for general dispersive media[J]. IEEE Transactions on Microwave Theory and Techniques, 1993, 41(4): 658-665.

[53] Sullivan D M. Frequency-dependent FDTD methods using z transforms[J]. IEEE Transactions on Antennas and Propagation, 1992, 40(10): 1223-1230.

[54] Chen Q, Katsurai M, Aoyagi P H. An FDTD formulation for dispersive media using a current density[J]. IEEE Transactions on Antennas and Propagation, 1998, 46(11): 1739-1746.

[55] Young J L. A full finite difference time domain implementation for radio wave propagation in a plasma[J]. Radio Science, 1994, 29(6): 1513-1522.

[56] Liu S, Yuan N, Mo J. A novel FDTD formulation for dispersive media[J]. Microwave and Wireless Components Letters, 2003, 13(5): 187-189.

[57] 葛德彪, 吴跃丽, 朱湘琴. 等离子体散射 FDTD 分析的移位算子方法[J]. 电波科学学报,2003,4: 359-362.

[58] Wei B, Ge D B, Wang F. A general method for finite difference time domain modeling of wave propagation in frequency-dispersive media[J]. Acta Physica Sinica, 2008, 57(10): 6290-6297.

[59] Fang J Y. Time domain finite difference computation for Maxwell's equations[D]. Berkeley: University of California, 1989.

[60] Hadi M F, PiketMay M. A modified FDTD (2, 4) scheme for modeling electrically large structures with high-phase accuracy[J]. IEEE Transactions on Antennas and Propagation, 1997, 45(2): 254-264.

[61] Roberts A R, Joubert J. Pml absorbing boundary condition for higher-order FDTD schemes [J]. Electronics Letters, 1997, 33(1): 32-34.

[62] El-Raouf H E A, El-Diwani E A, Ammar A E H, et al. A low-dispersion 3-d second-order in time fourth-order in space FDTD scheme (M3d(24))[J]. IEEE Transactions on Antennas and Propagation, 2004, 52(7): 1638-1646.

[63] Zygiridis T T, Tsiboukis T D. Low-dispersion algorithms based on the higher order (2, 4) FDTD method[J]. IEEE Transactions on Microwave Theory and Techniques, 2004, 52(4): 1321-1327.

[64] Zygiridis T T, Tsiboukis T D. A dispersion-reduction scheme for the higher order (2, 4) FDTD method[J]. IEEE Transactions on Magnetics, 2004, 40(2): 1464-1467.

[65] Kantartzis N V, Tsiboukis T D. Higher order FDTD schemes for waveguide and antenna

structures[J]. Synthesis Lectures on Computational Electromagnetics, 2005, 1(1): 1 - 226.

[66] Young J L. A higher order FDTD method for em propagation in a collisionless cold plasma [J]. IEEE Transactions on Antennas and Propagation, 1996, 44(9): 1283 - 1289.

[67] Jurgens T G, Taflove A, Umashankar K, et al. Finite-difference time-domain modeling of curved surfaces[em scattering][J]. IEEE Transactions on Antennas and Propagation, 1992, 40(4): 357 - 366.

[68] Dey S, Mittra R. A locally conformal finite-difference time-domain (FDTD) algorithm for modeling three-dimensional perfectly conducting objects[J]. IEEE Microwave and Guided Wave Letters, 1997, 7(9): 273 - 275.

[69] Dey S, Mittra R. A modified locally conformal finite-difference time-domain algorithm for modeling three-dimensional perfectly conducting objects [J]. Microwave and Optical Technology Letters, 1998, 17(6): 349 - 352.

[70] Yu W H, Mittra R. A conformal FDTD software package modeling antennas and microstrip circuit components[J]. IEEE Antennas and Propagation Magazine, 2000, 42(5): 28 - 39.

[71] Wang J A, Yin W Y, Liu P G, et al. High-order interface treatment techniques for modeling curved dielectric objects [J]. IEEE Transactions on Antennas and Propagation, 2010, 58(9): 2946 - 2953.

[72] Mohammadi A, Nadgaran H, Agio M. Contour-path effective permittivities for the two-dimensional finite-difference time-domain method[J]. Optics Express, 2005, 13 (25): 10367 - 10381.

[73] Mohammadi A, Agio M. Dispersive contour-path finite-difference time-domain algorithm for modelling surface plasmon polaritons at flat interfaces[J]. Optics Express, 2006, 14(23): 11330 - 11338.

[74] Mohammadi A, Jalali T, Agio M. Dispersive contour-path algorithm for the two-dimensional finite-difference time-domain method[J]. Optics Express, 2008, 16(10): 7397 - 7406.

[75] Zhao Y, Hao Y. Finite-difference time-domain study of guided modes in nano-plasmonic waveguides [J]. IEEE Transactions on Antennas and Propagation, 2007, 55 (11): 3070 - 3077.

[76] 瞿章华, 刘伟. 高超声速空气动力学[M]. 长沙: 国防科技大学出版社,2001.

[77] Sarma G S R. Physico-chemical modelling in hypersonic flow simulation[J]. Progress in Aerospace Sciences,2000,36(3/4): 281 - 349.

[78] 胡兰芳. 高速飞行器非平衡绕流及光辐射特性模拟[D]. 哈尔滨: 哈尔滨工业大学, 2011.

[79] 凌应杰. 高超声速气动热数值模拟研究[D]. 西安: 西安电子科技大学, 2014.

[80] 潘沙. 高超声速气动热数值模拟方法及大规模并行计算研究[D]. 长沙: 国防科技大学, 2010.

[81] 赵玉新. CFD - FASTRAN 理论手册[R]. 长沙: 国防科技大学航天与材料工程学院, 2017.

[82] 孙鹏. 高超声速热化学非平衡流的仿真模拟[D]. 西安: 西安电子科技大学, 2018.

[83] Tchuen G, Zeitoun D E. Computation of weakly ionized air flow in thermochemical

nonequilibrium over sphere-cones[J]. International Journal of Heat and Fluid Flow, 2008, 29(5): 1393-1401.

[84] 谢中强, 欧阳水吾. 高超声速三维热化学非平衡电离流动计算研究[J]. 计算物理, 1998,15(6): 711-716.

[85] Froula D H, Glenzer S H, Luhmann N C, et al. Plasma scattering of electromagnetic radiation: Theory and measurement techniques[J]. Fusion Science and Technology, 2012, 61(1): 104-105.

[86] 刘万东. 等离子体物理导论[M]. 合肥: 中国科学技术大学出版社, 2002.

[87] 孙浩宇. 基于时域有限差分方法的等离子体鞘套与电磁波相互作用的研究[D]. 西安: 西安电子科技大学, 2018.

[88] 李定, 陈银华, 马锦秀, 等. 等离子体物理学[M]. 北京: 高等教育出版社, 2006.

[89] Boyd T J M, Sanderson J J. The physics of plasmas[M]. Cambridge: Cambridge University Press, 2003.

[90] 菅井秀郎. 等离子体电子工程学[M]. 北京: 科学出版社, 2002.

[91] 袁忠才, 时家明. 非磁化等离子体中的电子碰撞频率[J]. 核聚变与等离子体物理, 2004,24(2): 157-160.

[92] 金兹堡. 电磁波在等离子体中的传播[M]. 钱善瑎译. 北京: 科学出版社, 1978.

[93] 常雨, 陈伟芳, 曾学军, 等. 再入钝锥体绕流流场电磁散射特性分析[J]. 宇航学报, 2008,29(3): 962-1007.

[94] 吴娜. 临近空间高超声速飞行器等离子体流场的研究[D]. 西安: 西安电子科技大学, 2015.

[95] Fante R L, Gamache R G, Yos J M. High-power attenuation on re-entry vehicles[J]. AIAA Journal, 2012, 10(3): 352-353.

[96] 刘鉴民. 磁流体发电[M]. 北京: 机械工业出版社,1984.

[97] Hoffman J. Control of plasma collision frequency for alleviation of signal degradation[J]. IEEE Transactions on Communication Technology, 1966, 3(14): 318-323.

[98] 周学华, 竺乃宜. 高超声速小钝锥尾流化学非平衡辐射研究[J]. 空气动力学报,1996, 14(3): 274-280.

[99] Shi L, Yanming L, Baolong G, et al. Research on phase shift characteristics of radio propagate through plasma sheath[C]. 2010 9th International Symposium on Antennas Propagation and EM Theory, Guangzhou, 2010: 387-390.

[100] 刘少斌. 等离子体覆盖目标的电磁特性及其在隐身技术中的应用[D]. 长沙: 国防科学技术大学,2004.

[101] Tanenbaum B S. Plasma physics[M]. New York: McGraw-Hill, 1967.

[102] Plonsey R, Collin R E. Principles and applications of electromagnetic fields[M]. New York: McGraw-Hill, 1961.

[103] 葛德彪, 闫玉波. 电磁波时域有限差分方法[M]. 西安: 电子科技大学出版社, 2005.

[104] Taflove A, Hagness S C. Computational electrodynamics: The finite-difference time-domain method[M]. 2nd ed. London: Artech House, 2000: 1-826.

[105] Fang J Y, Mei K K. A super-absorbing boundary algorithm for solving electromagnetic

problems by time-domain finite-difference method[C]. IEEE Antennas and Propagation Society International Symposium, Syracuse, 1988: 472 - 475.

[106] Mei K K, Fang J Y. Superabsorption — a method to improve absorbing boundary conditions [J]. IEEE Transactions on Antennas and Propagation, 1992, 40(9): 1001 - 1010.

[107] 马双武, 高攸纲. 时域有限差分法中几种吸收边界条件的比较与数值验证[J]. 长沙大学学报, 1999, 13(4): 1 - 4.

[108] 艾夏. 复杂色散介质电磁散射的 FDTD 算法及其改进方法的研究[D]. 西安: 西安电子科技大学, 2013.

[109] 张超. 等离子体覆盖典型目标的 RCS 的研究[D]. 西安: 西安电子科技大学, 2010.

[110] Allan G, Almasi G S. Highly parallel computing[M]. Calif: Benjamin/Cummings., 1989.

[111] Blaise B. Introduction to parallel computing[M]. Livermore: Lawrence Livermore National Laboratory, 2007.

[112] Rauber T, Runger G. Parallel programming for multicore and cluster systems[M]. Berlin: Springer Science and Business Media, 2013.

[113] 邓倩妮. 并行程序设计导论[M]. 北京: 机械工业出版社, 2012.

[114] 张林波, 迟学斌, 莫则尧, 等. 并行计算导论[M]. 北京: 清华大学出版社, 2006.

[115] 卞亮亮. 高超声速目标电磁散射的 FDTD 并行算法研究[D]. 西安: 西安电子科技大学, 2018.

[116] 黄思倩. 电大尺寸目标的 FDTD 并行计算[D]. 西安: 西安电子科技大学, 2017.

[117] 杜志辉, 李三立, 陈渝, 等. 高性能计算之并行编程技术——MPI 并行程序设计 [M]. 北京: 清华大学出版社, 2001.

[118] 刘建勇. 时域有限差分方法在复杂目标散射和光学微腔中的应用[D]. 西安: 西安电子科技大学, 2008.

[119] 李明之, 刘友健, 王长清, 等. 用 CAD 技术实现复杂目标 FDTD 方法几何——电磁建模[J]. 电子学报, 1999, 27(3): 131 - 133.

[120] 莫锦军. 隐身目标低频宽带电磁散射特性研究[D]. 长沙: 国防科学技术大学, 2004: 47 - 52.

[121] 杨利霞, 葛德彪, 白剑, 等. 三角面元数据模型 FDTD 网格生成技术[J]. 西安电子科技大学学报(自然科学版), 2007, 34(2): 298 - 302.

[122] 武超. 复杂目标共形网格建模及电磁特性计算[D]. 西安: 西安电子科技大学, 2014.

[123] Macgillivray J T. Trillion cell CAD-based Cartesian mesh generator for the finite-difference time-domain method on a single-processor 4-GB workstation[J]. IEEE Transactions on Antennas and Propagation, 2008, 56(8): 2187 - 2190.

[124] 闫玉波, 石守元, 葛德彪. 用于 FDTD 的复杂目标的建模[J]. 西安电子科技大学学报, 1998, 25(3): 389 - 392.

[125] Barber P W, Hill S C. Light scattering by particles: Computational methods[J]. Singapore: World Scientific, 1990: 25 - 253.

[126] 纪兵兵. ANSYS ICEM CFD 网格划分技术实例详解[M]. 北京: 中国水利水电出版社, 2012.

[127] Qian J W, Zhang H L, Xia M Y. Modelling of electromagnetic scattering by a hypersonic

cone-like body in near space[J]. International Journal of Antennas and Propagation, 2017, 6: 1 - 11.

[128] 郑奎松，葛德彪，魏兵. 导弹目标的 FDTD 建模与 RCS 计算[J]. 系统工程与电子技术,2004, 26(7): 896 - 899.

[129] 张玉. 电磁场并行计算[M]. 西安: 西安电子科技大学出版社, 2006.

[130] 江树刚. 基于超级计算机的并行 FDTD 关键技术与应用[D]. 西安: 西安电子科技大学, 2016.